Sitzungsberichte
der Akademie der Wissenschaften
der DDR
Mathematik – Naturwissenschaften – Technik

14 N

1977

Neuere physikalische Methoden zur Untersuchung von Stoff und Struktur

AKADEMIE-VERLAG · BERLIN

Sitzungsberichte
der Akademie der Wissenschaften
der DDR
Mathematik — Naturwissenschaften — Technik

Jahrgang 1977 · Nr. 14/N

Neuere physikalische Methoden zur Untersuchung von Stoff und Struktur

AKADEMIE-VERLAG · BERLIN
1977

Vorträge aus der Klasse Physik
von 1973 bis 1976

Herausgegeben im Auftrage
des Präsidenten der Akademie
der Wissenschaften der DDR
von Vizepräsident Prof. Dr. Heinrich Scheel

Erschienen im Akademie-Verlag, 108 Berlin, Leipziger Str. 3–4

Lizenznummer: 202 · 100/267/77
Gesamtherstellung: VEB Druckhaus Köthen
Bestellnummer: 7625673 (2010/77/14/N) · LSV 1175
Printed in GDR
DDR 7,50 M

Inhalt

Gustav Richter

Methoden und Ergebnisse der hochauflösenden Spektroskopie innerhalb der Dopplerlinie [1]

Die mit Laserstrahlen beobachtbare selbstinduzierte Transparenz gestattet es, das Auflösungsvermögen in der Gasspektroskopie weit unter die bisher durch die Dopplerbreite gegebene Grenze bis hinab zur natürlichen Linienbreite zu bringen. Dies eröffnet neue große Möglichkeiten für die Atom- und Molekülphysik. Vier der hierbei benutzten Methoden

1. die Methode der Absorption quasistehender Lichtwellen,
2. der spontanen Strahlung von Molekülen im stehenden Lichtfeld,
3. der Doppelresonanzen mit Laserwellen und
4. desgl. mit statistischem Licht aus konventionellen Gasentladungslampen

sowie einige neuere Ergebnisse und Anwendungen sollen im folgenden besprochen werden.

Während in den zwanziger und dreißiger Jahren auf dem Gebiete der experimentellen Optik und Spektroskopie kaum prinzipielle Fortschritte zu verzeichnen waren und wesentliche Neuentwicklungen nicht in Aussicht standen, ist in neuerer Zeit durch die Entdeckung des Laser-Prinzips vieles wieder in Fluß geraten.

Die Laserphysik hat z.B. die breite Anwendung der Holografie ermöglicht und auch für die Spektroskopie zuvor ungeahnte Möglichkeiten eröffnet. Von diesen sind vier Richtungen von besonderem Interesse:

1. Die Ultrakurzzeitspektroskopie.
2. Die Ramanspektroskopie mit Laseranregung.
3. Die übliche Absorptionsspektroskopie, entweder mit durchstimmbaren monochromatischen Lichtquellen für Resonanzabsorption oder mit Absorption im breitbandig angeregten Laser-Resonator.
4. Die hochauflösende Laser-Spektroskopie innerhalb der Dopplerbreite.

Nachfolgend wird im wesentlichen die hochauflösende Spektroskopie (HLS) näher betrachtet, wobei jeweils zuerst die den verschiedenen Meßprinzipien zugrunde liegenden physikalischen Effekte erläutert und danach einige Anwendungsbeispiele beschrieben werden sollen.

---

[1] Vortrag vor der Klasse Physik am 4. 1. 1973.

Der Spektroskopie der Molekülbanden, der Hyperfeinstruktur der Spektrallinien sowie der Zeeman- und Stark-Aufspaltungen waren bisher überall dort unübersteigbare Grenzen gesetzt, sobald die Linienabstände wesentlich unterhalb der Dopplerbreite lagen. Daher war auch eine Analyse von Gasgemischen nicht mehr möglich, wenn sich die Bandenlinien innerhalb der Dopplerbreite völlig überdeckten.

Hier hat vor einigen Jahren die Entwicklung hochstabilisierter Laser mit Ausgangsleistungen bis zu einigen Watt und die dadurch möglich gewordene Ausnutzung neuer physikalischer Effekte einen grundlegenden Wandel geschaffen: Die Methoden der neuen hochauflösenden Laser-Spektroskopie erlauben es jetzt, in Molekül- und Atomspektren selbst im Innern der Dopplerbreite gelegene Linien zu trennen. Die praktisch erreichbare Grenzauflösung wurde um mehrere Zehnerpotenzen verbessert; sie ist nunmehr fast allein durch die natürliche Linienbreite gegeben, welche im Sichtbaren im allgemeinen bei 10—100 MHz, im IR-Gebiet oft unter 100 kHz liegt und in peziellen Fällen wie bei CH_4 auch bis 100 Hz heruntergehen kann. Da bei den meist vorkommenden Gasen mit Molekulargewichten zwischen etwa 20 und 400 vom sichtbaren bis in den IR-Bereich die Dopplerbreiten $\Delta\nu_{\text{Dopp.}} \approx 700$ bis etwa 50 MHz betragen, sind jetzt innerhalb der Dopplerlinie im Prinzip mehrere 100 bis 1000 Linien auflösbar.

Während man anfangs nur mit starken Lasern arbeiten konnte und daher nur wenige Wellenlängen für die Messungen zur Verfügung standen, hat die Weiterentwicklung der Nachweistechnik es inzwischen ermöglicht, in vielen Fällen mit weniger als mit 100 μW auszukommen. Die Realisierung einer großen Anzahl von Meßfrequenzen für die HLS wurde damit wesentlich erleichtert.

Verschiedenartige, kontiniuerlich durchstimmbare und für die HLS brauchbare Lichtquellen stehen in der Entwicklung. In jüngster Zeit ist es durch Ausnutzung radiotechnischer Methoden gelungen, sogar mit Licht aus normalen Lichtquellen — ohne Benutzung von Lasern — eine fast ebenso gute Auflösung zu erreichen.

Das Beobachtungsverfahren besteht in allen Fällen darin, die ungünstigen Wirkungen des Dopplereffektes zu eliminieren.

Es können z.Z. im wesentlichen vier verschiedene Methoden der hochauflösenden Spektroskopie benannt werden:

1. Die Methode der Absorption quasistehender Lichtwellen.
2. Die Methode der Beobachtung der spontanen Strahlung von Molekülen im stehenden Lichtfeld.
3. Die Methode der Doppelresonanzen mit Laserlicht.
4. Desgl. mit statistischem Licht aus konventionellen Gasentladungen.

Bei den ersten beiden Verfahren benutzt man mit der induzierten Transparenz eine neue physikalische Qualität, welche beim Durchstimmen der fast monochromatischen Laserfrequenz über die Dopplerbreite des laseraktiven Mediums es ermöglicht, innerhalb des Dopplerprofils der untersuchten Substanz liegende Feinstrukturen aufzulösen und darin Linien im Abstand von 100 kHz (und weniger!) zu trennen. Das Transparentwerden eines Absorbers bei größeren Lichtintensitäten beruht darauf, daß das absorbierende untere Resonanzniveau durch die Lichtabsorption selber teilweise „weggepumpt" und dadurch weniger wirksam wird:

Hat das obere Resonanzniveau keine dichtliegenden Nachbarniveaus, so wird die jeweils absorbierte Lichtenergie durch induzierte Emission gleich wieder an die Primärstrahlung abgegeben, und es findet keine Netto-Absorption statt — sofern die spontane Emission vom oberen Niveau, sowie Störungen durch gaskinetische Zusammenstöße vernachlässigt werden können. Das System pendelt dann zwischen den beiden Resonanzniveaus 0 und 1 hin und her (s. Abb. 1a).

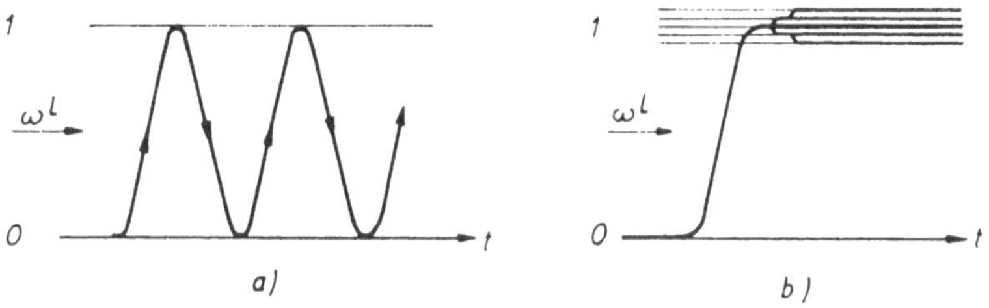

Abb. 1. Zur Entstehung der induzierten Transparenz

Hat das obere Niveau viele nahegelegene Nachbarniveaus, wie z.B. die bei größeren Molekülen sehr zahlreichen Rotationsniveaus, so wandert durch thermische Relaxationsvorgänge die Energie in diese Zustände, von denen — bei der Schärfe der Laserlinie — keine induzierte Emission das Molekül wieder in das untere Niveau zurückführt. Auf diese Weise entvölkert sich das absorbierende Ausgangsniveau, und die Transparenz nimmt zu (s. Abb. 1b).

Dieser Effekt wird demnach beobachtbar, sobald durch die Einstrahlung die Besetzungszahl des Ausgangsniveaus des Übergangs sich merklich verändert, unabhängig davon, wie dies im einzelnen geschieht.

1. *Methode der quasistehenden Lichtwellen*

Bei der Methode der Absorption quasistehender Lichtwellen wird die Erscheinung der induzierten Transparenz ausgenutzt, um in einem Absorptionsrohr in der Mitte einer dopplerverbreiterten Linie einen sehr engen Spektralbereich merklich durchlässiger zu machen als den übrigen Teil, der entsprechend dem Dopplerprofil absorbiert: Man erreicht dies dadurch, daß man den Strahl nach Durchgang durch das Absorptionsrohr mittels eines Spiegels in sich selbst reflektiert, so daß er durch denselben Raumbereich zurückläuft, den er zuvor durchlaufen hatte.

Steht die eingestrahlte Frequenz nicht in genauer Resonanz mit der Moleküllinie, so wird z. B. die hinlaufende Welle wegen des Dopplereffektes von Molekülen mit einer bestimmten Geschwindigkeitskomponente in der Strahlrichtung v absorbiert, die rücklaufende Welle aber von Molekülen mit der gerade entgegengesetzten Geschwindigkeitskomponente (s. Abb. 2): Moleküle mit diesen Geschwindigkeiten $\pm v$ „sehen" vermöge des Dopplereffektes den primären oder den reflektieren Laserstrahl in ihrer eigenen Resonanzfrequenz.

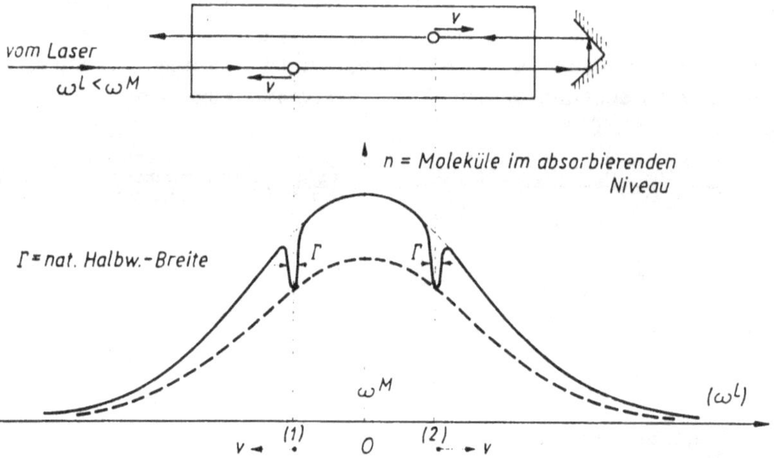

Abb. 2. Fall $\omega^L < \omega^M$ (Entsptr. $\omega^L > \omega^M$). Beide Molekülsorten (1) und (2) absorbieren

Der Bereich der Frequenzen bzw. der Molekülgeschwindigkeiten, in welchem eine merkliche Resonanzwechselwirkung und eine dementsprechende „Entvölkerung" des absorbierenden Molekülzustandes auftritt, wird im Idealfall durch die natürliche Linienbreite allein bestimmt.

Ist die Strahlung in genauer Resonanz mit den absorbierenden Molekülen, so werden sowohl für den hinlaufenden als auch für den rücklaufenden Strahl nur diejenigen Moleküle als Absorber wirksam sein, deren Geschwindigkeitskomponente v parallel zum Lichtstrahl verschwindet: $v = 0$ (s. Abb. 3). Benachbarte nichtresonante Frequenzen werden dagegen (relativ zur Resonanzfrequenz) von doppelt so vielen Molekülen absorbiert als es dem Dopplerprofil entspricht. Aber hierbei wechselwirkt jedes Molekül nur entweder mit der hinlaufenden oder mit der rücklaufenden Welle, sodaß die gleiche lineare Gesamt-Absorption wie im Resonanzfall entsteht. Dagegen tritt eine Absorptionssättigung erst bei höherer Intensität auf, so daß bei zweckmäßiger Wahl der Lichtintensität die Mitte der Dopplerlinie merklich bevorzugt transparent wird. Die Lichtstärke muß nur gerade so groß gewählt sein, daß der hinlaufende Strahl das Medium transparent macht und dabei einen merklichen Teil seiner

Energie einbüßt. Dann wird die Intensität des rücklaufenden Strahls im Resonanzfall signifikant größer als in einem dicht benachbarten Bereich außerhalb der genauen Resonanzstelle. Die Schärfe der so entstehenden Resonanzkurve kann unter günstigen Umständen im Prinzip die natürliche Linienbreite erreichen.

In praxi wird sie allerdings durch Stoßverbreiterung und durch die endliche Wechselwirkungszeit mit dem Laserstrahl verschlechtert. Diese schädlichen Effekte können jedoch durch geeignete Maßnahmen fast beliebig verkleinert werden; es handelt sich im wesentlichen nur um eine Frage des Aufwandes.

Bei diesem Beobachtungsverfahren bildet sich ein partiell stehendes Wellenfeld im Absorptionsrohr aus, und man kann die resonanzartige Erhöhung der induzierten Transparenz im Zentrum der Dopplerlinie auch verstehen als Absorption stehender Lichtwellen durch Moleküle, welche eine MAXWELL-Verteilung ihrer Geschwindigkeiten aufweisen.

Bei Gaslasern ist die zu diesem Verhalten der induzierten Transparenz genau inverse Erscheinung, der sog. LAMB-dip, bereits früher bekannt gewesen und hatte den Anlaß zur Entwicklung der neuen Absorptionsmethode gegeben, weswegen diese oft auch als die Methode des „inversen LAMB-dips" bezeichnet wird.

Der LAMB-dip selber entsteht durch einen Sättigungseffekt bei der induzierten Emission im stehenden Wellenfeld des Laserresonators und hat genau die gleiche Ursache wie die oben betrachtete resonanzartige Erhöhung der induzierten Transparenz im Zentrum der Dopplerlinie: Man braucht bei den früheren Überlegungen nur von einem System von Molekülen im *oberen* Laserzustand auszugehen und Absorption und Emission miteinander zu vertauschen, um zu erkennen, daß die Abbaurate der Zahl der Moleküle im oberen Laser-

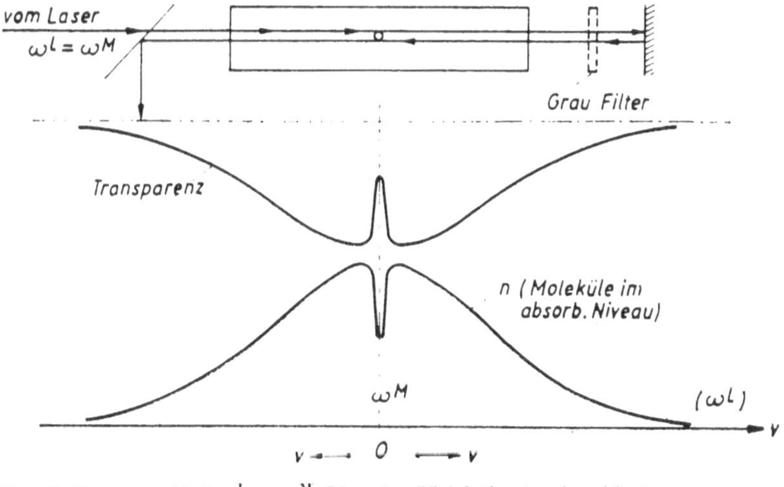

Abb. 3. Resonanz-Fall $\omega^L = \omega^M$. Nur eine Molekülsorte absorbiert

niveau und damit die Laserleistung in derselben Weise von der Laserfrequenz ω^L abhängt wie die Zahl n der Moleküle im absorbierenden Niveau in Abb. 3. Die scharfe Einsattelung der Laserleistung im Zentrum der Dopplerlinie wird nach ihrem Entdecker als „LAMB-dip" bezeichnet. Ihre Halbwertsbreite kann im Prinzip bis zur natürlichen Linienbreite herabgedrückt werden.

Sowohl der LAMB-dip als auch der inverse LAMB-dip sind beide in jüngster Zeit von verschiedenen Autoren zur Stabilisierung von Gaslasern sowie als Mittel einer hochauflösenden Spektroskopie innerhalb der Dopplerlinie verwendet worden.

1.1 Die Stabilisierung von Gaslasern mit Hilfe der Absorptionssättigung ist die z.Z. beste Methode zur Herstellung eines Laserfrequenzstandards, welche besonders gut im IR-Gebiet anwendbar ist. So war mit CH_4 als Absorber die 3,39 μm-Linie des He—Ne-Lasers bereits 1970 auf $\Delta\nu \lesssim 1$ kHz, d.h. auf $(\Delta\nu/\nu) \lesssim 10^{-11}$, in reproduzierbarer Weise stabilisierbar. Ähnliche Frequenzschärfen wurden auch mit CO, CO_2, J_2, $H_3C{-}CH_3$ erzielt. 1972 ist mit einem CH_4-Absorber bei 1 mTorr Gasdruck eine Frequenzstabilität von ± 3 Hz im Mittel über ≈ 100 s erreicht worden (Laserlabor des LEBEDEV-Instituts, Moskau, sowie im Laserlabor von Novosibirsk). Diese Frequenzschärfe ist derart hoch ($\sim 3 \cdot 10^{13}$, also vergleichsweise besser als 1 s in 10^6 Jahren), daß mit diesen Lasern der transversale Dopplereffekt, d.i. die EINSTEINsche Verzögerung der Ganggeschwindigkeit bewegter Uhren, schon bei thermischen Geschwindigkeiten der CH_4-Moleküle, also bei Geschwindigkeiten von nur einigen 100 m/s, zu beobachten ist.

Die stabilisierten Laser sind als Normalfrequenzgeber auch für die hochauflösende Spektroskopie unentbehrlich, sobald absolute Frequenzangaben gefordert werden sowie auch für die genaue Messung von Frequenzdifferenzen.

1.2 Bei der Anwendung der Technik der Absorptionssättigung für die Zwecke der HLS kann das Absorptionsrohr sowohl innerhalb als auch außerhalb des Laserresonators angeordnet sein. In beiden Fällen erhält man bei Variation der Laserfrequenz Intensitätsspitzen an den Zentren der sich überlappenden Dopplerprofile der verschiedenen Molekullinien. Auf diese Weise sind bereits eine große Anzahl von Feinstrukturen im Rotations- und Schwingungsspektrum vermessen worden, u.a. am PF_5, SF_6, CF_2Cl_2, NH_3, CH, CH^+, C_2H_4, C_2H_6, CH_4, CN, HCN, H_2CO, CO, CO_2, N_2O, OH, OH_2. Bei den scharfen Resonanzlinien mit Halbwertsbreiten von ≈ 100 kHz sind zur Vermeidung von Stoß- und Druckverbreiterung niedrige Gasdrucke der Größenordnung 1 bis 10 mTorr und dementsprechend lange Absorberröhren (bis zu vielen Metern) erforderlich. Bei stärker absorbierenden Linien genügen aber bei nicht zu kleinem Gasdruck bereits nur wenige Zentimeter lange Absorptionsstrecken.

Leider ist z.Z. noch die Anwendung der Methode auf diejenigen Wellenlängen-Bereiche beschränkt, die mit den bekannten Gaslasern überstrichen werden können. Der Abstimmbereich liegt daher in der Größenordnung der Dopplerbreite und kann lediglich noch mit Hilfe der Stoßverbreiterung oder des Zeeman- und Stark-Effektes vergrößert werden. Aber die Anzahl der verfügbaren Linien geht immerhin in die Tausende, nachdem in letzter Zeit Verbesserungen der Nachweistechnik die notwendigen Strahlleistungen ganz wesentlich reduziert haben.

Die Zahl der bekannten Gaslaserlinien beträgt allein bei den Edelgasen Ne, Ar, Kr, Xe resp. 180, 94, 89, 119, also zusammen etwa 480 Laserlinien im Gebiet zwischen UV und dem fernern IR! Im IR-Gebiet kommen weiter die Linien der Molekülgas-Laser in Frage (HF, HCl, N_2, CN, CO, CO_2, COS, CS_2, NH_3, NO, N_2O, H_2O), welche eine große Anzahl weiterer Frequenzen zur Verfügung stellen. So zeigt z.B. CO etwa 52 Linien zwischen 5,037 und 5,38 μm (davon vier starke) und CO_2 hat rund 40 Linien im Gebiet 9,126–9,66 μm und 22 Linien bei 10,46 bis 10,91 μm (davon sieben starke). Bei Verwendung verschiedener Isotope von C und O kann auf insgesamt rund 300 Linien im Bereich zwischen 9 und 12 μm abgestimmt werden.

Aus diesen sehr vielen überhaupt verwertbaren Laserlinien sind aus Gründen des Wirkungsgrades bisher nur eine relativ geringe Anzahl gut „lasernder" Linien benutzt worden. Da jedoch die meisten interessierenden Moleküle auch eine große Anzahl von Bandenlinien aufweisen, hat man schon mit den wenigen bisher verwendeten Laserlinien — wie oben bereits erwähnt — eine beachtliche Anzahl von Molekülen untersuchen können.

Die für die Beobachtungen erforderlichen Frequenzschärfen der Laserschwingungen betragen 10 kHz bis 1 MHz. Für nicht extreme Anforderungen sind Frequenzunschärfen von 10 bis 100 MHz noch brauchbar, wenn innerhalb der Dopplerbreite nur wenige Linien aufzulösen sind.

Die zur Messung der induzierten Transparenz notwendigen Strahlleistungen liegen im Bereich von weniger als 100 μW bis zu einigen Watt. Leider läßt sich die erforderliche Leistung nicht durch Strahlkonzentrierung auf geringe Strahldurchmesser verringern, weil eine gewisse Wechselwirkungszeit Δt zwischen Strahl und Molekül vonnöten ist, um eine bestimmte Frequenzschärfe im Wechselwirkungseffekt zu erhalten, wobei die bekannte Bedingung $\Delta\nu \cdot \Delta t \approx 1$ einzuhalten ist. Bei $\Delta\nu \approx 100$ kHz z.B. wäre eine Wechselwirkungszeit von $\Delta t \approx 10^{-5}$ s erforderlich, was bei einer mittleren Molekülgeschwindigkeit von etwa $4 \cdot 10^4$ cm/s (bei einem Molekulargewicht von ≈ 30 und bei Zimmertemperatur) einen Strahldurchmesser von rund 4 mm notwendig macht. Größere Strahldurchmesser sind andererseits nicht erforderlich.

Dieser Minimal-Strahldurchmesser (der bei geringeren Anforderungen an die Frequenzschärfe entsprechend herabgesetzt werden kann) und die durch die Moleküleigenschaften und die Gasdichte gegebene minimale Leistungsdichte im Strahl ergeben die o.g. Strahlleistungen. Die zur Absorptionssättigung notwendige Strahlleistung ist proportional zum Gasdruck und beträgt z.B. für SF_6 in praxi etwa 7 W/cm^2 · Torr, also bei 10 mTorr etwa 70 mW/cm^2.

1.3 Die bisher experimentell erreichte Auflösung möge am Beispiel des SF_6 näher beschrieben sein [1]. Es wurden mit Hilfe der Methode des inversen LAMB-dips bei Durchstimmung der P(18)-Linie eines CO_2-Lasers durch die Dopplerbreite in einem Frequenzintervall von 80 MHz 43 Absorptionslinien und weitere 24 SF_6-Linien mit der P(16)-Linie der 10,6 μm-CO_2-Bande gefunden. Der Linienabstand von etwa 1 MHz konnte aus den Oszillogrammen auf 100 kHz genau bestimmt werden.

Die Abstände der SF_6-Linien relativ zur Linienmitte einer bestimmten CO_2-Referenzlinie wurden noch nach einer genaueren Methode gesondert vermessen: Dazu wurde ein CO_2-Laser auf die Mitte der CO_2-Bezugslinie und ein zweiter CO_2-Laser auf die Mitte der jeweiligen SF_6-Linie stabilisiert und die Differenzfrequenz radiotechnisch festgestellt. Die erreichte reproduzierbare Genauigkeit betrug etwa 2%.

Zu erwähnen ist, daß auch bei diesen Versuchen noch nicht alle im Durchstimmbereich des CO_2-Lasers gelegenen Linien des SF_6 getrennt werden konnten, besonders wenn schwache Linien von starken überdeckt wurden.

Eine Verbesserung der Auflösung durch Erniedrigung des Druckes des Absorbergases bei gleichzeitiger Vergrößerung der Wechselwirkungszeit durch Wahl eines größeren Querschnitts des Laserstrahls ist möglich. Der Gasdruck war bei diesen Versuchen mit 50 m Torr relativ hoch; die Absorberlänge betrug 80 cm und der Strahldurchmesser 5 mm.

1.4 Gegenüber dem IR-Gebiet ist im sichtbaren die hochauflösende Spektroskopie bisher nur an einer kleinen Anzahl von Beispielen bekannt geworden. So wurden am J_2^{129} mit einem He—Ne-Laser bei $\lambda = 633$ nm innerhalb der Dopplerbreite von 650 MHz insgesamt 38 Linien aufgefunden [2]. Der Isotopie-Effekt gegenüber dem Molekül J_2^{127} ist hier sehr ausgeprägt, indem J^{127} mit dem Kernspin 5/2 weit weniger Linien erwarten läßt als J^{129} mit dem Kernspin 7/2, außerdem sind die Kernquadrupolwechselwirkungen verschieden.

Die vollständige Ausmessung der Hyperfeinstruktur einer Spektrallinie des ^{127}J-Moleküls bei $\lambda = 568{,}2$ nm wurde (in [3]) auch nach der Methode der Absorptionssättigung mit Hilfe eines Gleichlicht-Krypton-Ionen-Lasers durchgeführt: Es wurden 21 Komponenten der P(117)-Linie des $^{127}J_2$ gefunden. Die Abstimmbreite der 568,2 nm-Linie des Krypton-Lasers betrug 5500 MHz: Das ist (durch Druckverbreiterung!) das 18-fache der Doppler-Breite von Kr^{84}.

1.5 Eine Vergrößerung des Abstimmbereiches der Laser- und/oder der Molekülfrequenzen läßt sich durch den Zeeman- bzw. Stark-Effekt sowohl am laseraktiven Medium als auch an dem untersuchten Gas erreichen:

Als Beispiel sei $N^{14}H_2D$ genannt, das keine mit einer der bekannten CO_2-Laserlinien übereinstimmende Absorptionslinie aufweist [4]. Durch Stark-Effekt am $N^{14}H_2D$ gelingt es, eine der Stark-Komponenten dieses Moleküls mit einer P(20)-Linie eines CO_2-Lasers in Resonanz zu bringen und die Stark-Aufspaltung sogar angeregter Niveaus mit einer Genauigkeit von 1,5 MHz (innerhalb einer Dopplerbreite von 82 MHz) auszumessen. Die Empfindlichkeit der Methode erhellt daraus, daß diese Versuche mit natürlichem Ammoniak angestellt wurden, bei dem der Anteil an $N^{14}H_2D$ nur 0,045% des Gasgemisches beträgt, welches im wesentlichen aus $N^{14}H_3$ besteht. Hiermit ist auch eine gute Methode zur quantatitiven Analyse des D-Gehaltes im natürlichen Ammoniak gegeben. Die bei der Messung benutzte Strahlleistung des CO_2-Lasers betrug 0,9 W.

2. Methode der Messung am spontan emittierten Licht

In vielen Fällen — wie z.B. bei geringer Absorption — erweist es sich als zweckmäßig, an Stelle der Absorption des primären Lichtes die z.B. vom oberen Niveau des Laserüberganges ausgehende spontane Strahlung zu beobachten. Um eine eventuelle Störung durch das Streulicht der primären Strahlung zu umgehen, empfiehlt es sich, dabei möglichst spontane Strahlungen anderer Wellenlängen als die des anregenden Laserlichtes zu benutzen. Besonders vorteilhaft ist eine gegenüber dem Laserlicht kurzwelligere spontane Strahlung, für die im allgemeinen effektivere Strahlungsempfänger zur Verfügung stehen.

Bei dieser Methode wird meistens an einem im Innern des Laserresonators aufgestellten Absorberrohr beobachtet: Für die stehende Lichtwelle sind im Linienzentrum nur halb so viele absorbierende Moleküle vorhanden wie dicht außerhalb der Linienmitte, und die spontane Strahlung, etwa vom oberen Resonanzniveau wie in Abbildung 4, weist eine Art „LAMB-dip" beim Durchstimmen über die Resonanzfrequenz auf, sobald hier eine merkliche Absorptionssättigung auftritt. (S. hierzu die Erläuterungen zu Abb. 2 u. 3.)

Auf diese Weise wurde z.B. von FREED und JAVAN 1970 [5] die 4,3 µm-Bande des CO_2, die vom oberen Niveau des bekannten 10,6 µm-Übergangs aus-

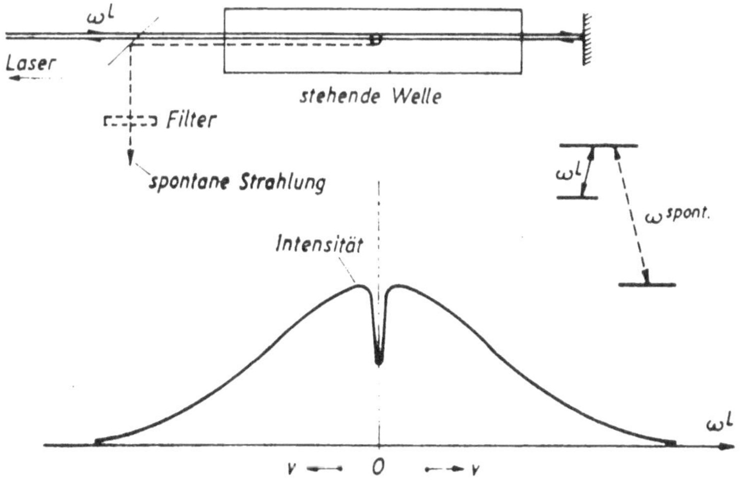

Abb. 4. Methode der spontanen Strahlung. Filter absorbiert Streulicht mit ω^L.

geht, zur Messung der Absorptionssättigung einer einzelnen Linie der 10,6 µm-Bande ausgenutzt. Dazu wurde diese Einzellinie in einem Einmoden-CO_2-Laser angeregt, in dessen Resonatorteil sich auch die Absorberröhre befand.

Hierbei wird primär ein bestimmter Rotationszustand des oberen Schwingungsniveaus (der 10,6 µm-Linie) optisch angeregt. Die Rotationsenergie verteilt sich dann durch thermische Stöße fast gleichmäßig auf die Rotationszustände des oberen Niveaus, so daß in der spontanen Emission die gesamte 4,3 µm-Bande ausgestrahlt wird. Diese wurde mit einem InSb-Detektor (bei der Temperatur des flüssigen Stickstoffs) gemessen.

Es ergaben sich Halbwertsbreiten von etwa 200 kHz. Die für die Messung notwendigen Strahlleistungen betrugen von 1 W bis herab zu 1 mW.

Zur Methode der spontanen Strahlung sei noch abschließend bemerkt, daß bei großen Intensitäten der eingestrahlten Laserwelle die spontane Strahlung durch den dynamischen Stark-Effekt an den Laserniveaus aufgespalten wird. Bei nicht entarteten Laserniveaus entsteht eine Aufspaltung in zwei spontane Linien. Im Falle der Entartung ergeben sich mehrere Linien, aus deren Anzahlen sich Rückschlüsse auf den Entartungsgrad der Laserniveaus ziehen lassen.

3. *Methode der Doppelresonanzen*

Wie schon oben dargelegt wurde, läßt sich durch Einstrahlung einer frequenzstabilisierten Laserwelle in ein dopplerverbreiterndes Gas eine wohldefinierte Gruppe von Molekülen anregen, welche eine ganz bestimmte Geschwindigkeitskomponente v parallel zum Lichtstrahl besitzen. Man könnte hier von einer „Methode der Laser-markierten Moleküle" sprechen. Die Laser-

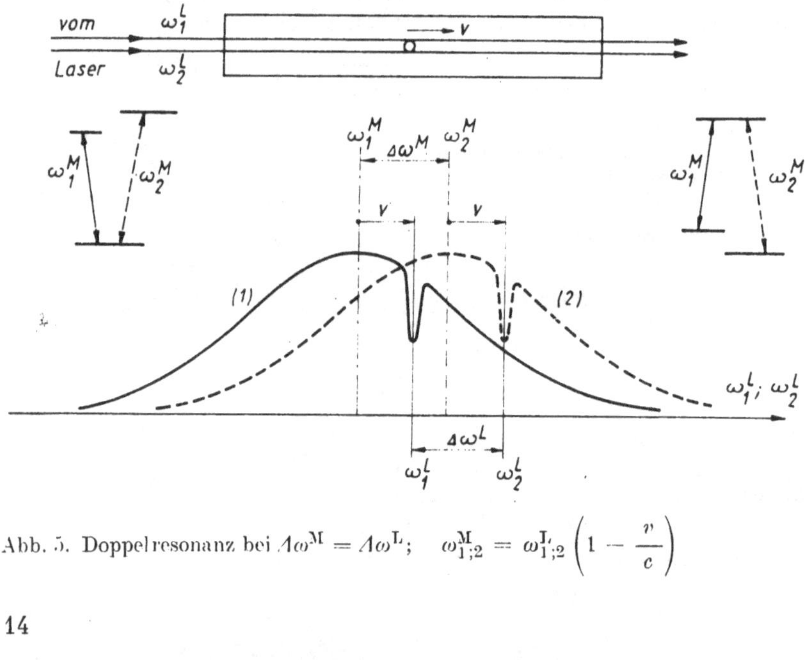

Abb. 5. Doppelresonanz bei $\Delta\omega^M = \Delta\omega^L$; $\omega^M_{1;2} = \omega^L_{1;2}\left(1 - \frac{v}{c}\right)$

frequenz ω_1^L und die Resonanzfrequenz ω_1^M des Moleküls müssen dann nach der Dopplerformel in der Beziehung stehen (s. Abb. 5)

$$\omega_1^M = \omega_1^L \cdot \left(1 - \frac{v}{c}\right), \tag{1}$$

wobei $v > 0$ (bzw. $v < 0$), wenn sich das Molekül in (bzw. entgegen) der Richtung des Lichtstrahls bewegt, und es ist $c = 3 \cdot 10^8$ m/s.

Wird nun eine zweite (zur ersten parallel laufende) elektromagnetische Welle (Licht, IR- oder Mikrowelle) passender Frequenz ω_2^L auf dasselbe Molekül eingestrahlt, so daß auch diese Welle mit *demselben* Molekül, aber für eine andere Übergangsfrequenz ω_2^M in Resonanz steht, dann gilt

$$\omega_2^M = \omega_2^L \cdot \left(1 - \frac{v}{c}\right). \tag{2}$$

Damit folgt als Bedingung für die Doppelresonanz:

$$\omega_2^M - \omega_1^M = \left(\omega_2^L - \omega_1^L\right)\left(1 - \frac{v}{c}\right), \tag{3}$$

worin i.allg. der Faktor $(1 - v/c) \approx 1$ gesetzt werden kann.

Mit Hilfe einer solchen Doppelresonanzanordnung läßt sich der Dopplereffekt auf verschiedene Weisen eliminieren, wenn beide Übergänge über ein gemeinsames Niveau verbunden sind: In diesem Falle kann man erstens an einem schwachen c.w.-Meßstrahl die Amplituden-Modulation einer stärkeren, gleichzeitig eingestrahlten Laserwelle beobachten, sobald bei passender Frequenz die Intensität der letzteren ausreicht, um eine merkliche Änderung in der Besetzungszahl des beiden Strahlen gemeinsamen Niveaus hervorzurufen. Beim Durchstimmen der modulierten Laserwelle über ihre Dopplerbreite wird man nur im Falle der Doppelresonanz eine Modulation des Meßstrahls wahrnehmen, die dann offenbar nur von Molekülen mit einer bestimmten Geschwindigkeitskomponente v parallel zum Lichtstrahl herrührt. Damit ist der Dopplereffekt eliminiert.

Man kann zweitens auch mit zwei etwa gleich intensiven Laserwellen ω_1^L und ω_2^L arbeiten: Bei hinreichenden Intensitäten tritt dann bei Doppelresonanz für beide Strahlen zugleich eine meßbar bevorzugte induzierte Transparenz bzw. Absorptionssättigung auf, weil in diesem Falle beide Strahlen nur von Molekülen mit einer und derselben Geschwindigkeitskomponente v absorbiert werden können, während im Nichtresonanzfall für die Absorption jeder der Strahlen ω_1^L und ω_2^L verschiedene Molekülsorten zur Verfügung stehen.

Die Doppelresonanzmethode liefert damit für zwei laufende Wellen bezüglich der induzierten Transparenz ähnliche Verhältnisse wie das frühere Verfahren der stehenden Wellen für die einfache Resonanz. Dabei können die Laserfrequenzen ω_1^L und ω_2^L ohne Schaden für die Auflösungsgüte „langsam“ im Vergleich zur Dämpfungsgeschwindigkeit der natürlichen Linie innerhalb des

Dopplerprofils hin und her schwanken, sofern nur die Differenz $(\omega_2^L - \omega_1^L)$ während der Meßdauer eines jeden Punktes der Resonanzkurve hinreichend konstant bleibt.

3.1 Diese Doppelresonanzmethode wurde (in [6]) benutzt, um das permanente Dipolmoment von fluoriertem Methan, CH_3F, in verschiedenen Schwingungszuständen zu bestimmen.

Hierbei wurden zwei CO_2-Laser auf einer und derselben Linie in der 9,55 µm-Bande innerhalb der Dopplerbreite mit einer Frequenzdifferenz von 42 MHz betrieben und beide Strahlungen parallel zueinander durch den CH_3F-Absorber (bei 4 mTorr) geleitet. Die CO_2-Linie war so ausgewählt, daß sie innerhalb der Dopplerbreite von 66 MHz mit der CH_3F-Linie übereinstimmte. Mit Hilfe des Stark-Effektes wurde die CH_3F-Linie aufgespalten, so daß zwei Frequenzen ω_1^M und ω_2^M entstehen, wobei für die Aufspaltung gilt:

$$\omega_2^M - \omega_1^M = 2\mu E \frac{K}{J(J+1)\hbar} \tag{4}$$

(μ permanentes Dipolmoment; J Drehimpulsquantenzahl; K Quantenzahl der Drehimpulskomponente parallel zur Symmetriachse; E Feldstärke des Stark-Feldes). Bei Variation des Feldes ergeben sich Doppelresonanzen mit Absorptionssättigung, wenn die Resonanzbedingung $\omega_2^L - \omega_2^L = \omega_2^M - \omega_1^M$ erfüllt wird (wobei wir von dem Dopplerfaktor $(1 - v/c)$ absehen). Da alle Größen ω_1^L, ω_2^L, E, K, J meßbar sind, läßt sich μ bestimmen. Und es ist bemerkenswert, daß die Dipolmomente selbst angeregter Zustände auf diese Weise mit einer Genauigkeit von 1:2000 gemessen werden konnten. Es ergaben sich für die Dipolmomente 1,8549 ± 0,001 Debye im Grundzustand und 1,9009 ± 0,001 Debye im ersten angeregten Schwingungszustand, wobei 1 Debye = 10^{-18} elektrostatische Einheiten des cgs-Systems bedeuten.

3.2 Abschließend zur Doppelresonanzmethode mag noch bemerkt werden, daß die hierzu benötigten zwei Lichtwellen mit einer konstanten Frequendifferenz z.B. durch Amplitudenmodulation eines einzigen Laserstrahls mit der halben Frequenzdifferenz als Modulationsfrequenz erzeugt werden können.

Eine andere — sehr einfache — Möglichkeit der Erzeugung zweier Laserwellen mit einer relativ kleinen, aber konstanten Frequenzdifferenz besteht in der Verwendung eines Zweimoden-Lasers, wobei zweckmäßigerweise der Axialmoden-Betrieb zu bevorzugen ist.

Auf diese Weise wurde z.B. (in [7]) über den ZEEMAN-Effekt die Hyperfeinstruktur und die paramagnetischen Eigenschaften der angeregten Zustände des Xe bestimmt: Dazu wurde ein Xe-Gas-Laser in einem axialen Magnetfeld betrieben und seine Ausgangsleistung in Abhängigkeit vom Magnetfeld aufgenommen. Sobald die ZEEMAN-Aufspaltung die Frequenzdifferenz der Laserlinien erreicht, wird dies durch einen LAMB-dip in der Laserintensität bemerkt. (Diese Erscheinung ist als genaues Gegenstück zur induzierten Transparenz bei Doppelresonanz zu verstehen.) Aus den gemessenen Frequenzen konnten die g-Faktoren von 4 angeregten Zuständen des Xe auf 0,1% genau bestimmt werden.

Nach vorliegenden Erfahrungen mit der Doppelresonanzmethode reichen bereits sehr geringe Leistungen von 1 mW bis 0,1 mW aus, um einwandfreie Resultate zu erzielen. Damit werden alle heute schon bekannten mehr als 2000 Gaslaserlinien für die Methode einsetzbar, und man ist nicht auf die wenigen „starken" Linien angewiesen. Der Anwendungsbereich der hochauflösenden Spektroskopie erweitert sich dadurch beträchtlich.

4. Methode der Doppelresonanzen im statistischen Licht

In Ziffer 3 hatten wir die Tatsache ausgenutzt, daß ein Molekül zwei gleichzeitig einfallende Lichtstrahlen, die sich in Resonanz mit zwei verschiedenen, vom gleichen Ausgangsniveau ausgehenden Übergängen desselben Moleküles befinden, weniger stark absorbiert als zwei Frequenzen, die nicht der Doppelresonanzbedingung entsprechen.

Dabei kam es nur darauf an, daß die Frequenz*differenz* der eingestrahlten Wellen mit der der Molekülfrequenzen übereinstimmt, während es für die Frequenzen selber genügte, nur irgendwo innerhalb der Dopplerbreite der untersuchten Linie zu liegen.

Man kann daher auch zwei statistisch (nicht zu schnell) veränderliche Frequenzen verwenden, wenn nur die Frequenzdifferenz die Resonanzbedingung (3) erfüllt. Man kann sogar den gleichen Effekt (wenn auch mit einem schlechteren Signal-Rausch-Verhältnis) mit einem völlig statistischen Licht erzielen, indem man das dopplerverbreiterte Licht einer Einzellinie einer gewöhnlichen Gasentladung (ohne jeden Lasereffekt) durch eine Absorptionsröhre hindurch strahlt und mittels eines Photodetektors die statistischen Schwankungen der Lichtintensität nach der Absorptionsstrecke beobachtet.

Wenn die Amplituden $E(\omega_{\mathrm{II}})$ und $E(\omega_{\mathrm{III}})$ zweier Partialfrequenzen des Lichtes, ω_{II} und ω_{III}, zufällig gleichzeitig große Werte erreichen, werden sie im Resonanzfall

$$|\omega_{\mathrm{II}} - \omega_{\mathrm{III}}| = |\omega_2^{\mathrm{M}} - \omega_1^{\mathrm{M}}| \equiv \Delta\omega^{\mathrm{M}} \tag{5}$$

bevorzugt durch den Absorber hindurchgelassen, d.h. weniger absorbiert als außerhalb der Resonanzstelle, wo $|\omega_{\mathrm{II}} - \omega_{\mathrm{III}}| \neq \Delta\omega^{\mathrm{M}}$. Dabei sind die Amplituden der Partialwellen als Fourieramplituden eines zeitlich begrenzten Wellenzuges von jeweils etwa 10^{-9} bis 10^{-8} s Dauer zu denken, welche durch die Auflösungszeit des Photodetektors gegeben ist. Die $E(\omega_{\mathrm{i}})$ sind daher im Vergleich zur Lichtfrequenz ω_{i} langsam fluktuierende Größen.

In den Amplitudenfluktuationen des Lichtes hinter der Absorberröhre werden nun jeweils Paare von größeren Amplitudenwerten $E'(\omega_n)$ und $E'(\omega_m)$ für diejenigen Partialfrequenzen bevorzugt auftreten, die der Bedingung (5) genügen.

Das Frequenzspektrum des Intensitäts-Rauschens des Photodetektors enthält daher die Schwebungsfrequenz $\Delta\omega^M = |\omega_2^M - \omega_1^M|$ mit einer recht scharf hervorgehobenen Amplitude, welche dem über alle ω_n genommenen Mittelwert des Produktes $E'(\omega_n) \cdot E'(\omega_n \pm \Delta\omega^M)$ proportional ist.

Diese Schwebungsfrequenz im Mikrowellenbereich läßt sich mittels eines durchstimmbaren Resonanzverstärkers sehr genau feststellen. Allerdings ist zur Aussiebung der Differenzfrequenz ein gewisser Aufwand an Elektronik notwendig, der aber das heute übliche Maß durchaus nicht übersteigt. Zur Verbesserung des Signal-Rauschverhältnisses kann hierbei mit Vorteil das additive Speicherverfahren benutzt werden.

Messungen von Zeeman- und Stark-Aufspaltungen sind auf diese Weise schon in kleinen Feldern möglich, bei denen die Aufspaltungen noch ganz im Innern der Dopplerbreite liegen. So wurden in einer sowjetischen Arbeit vom Jahre 1971 [8] mit dem Zeeman-Effekt an ^{136}Xe und ^{129}Xe die g-Faktoren mehrerer Niveaus bestimmt.

Die beschriebene Methode der Doppelresonanzen mit statistischem Licht erweitert abermals den nutzbaren Bereich der Hochauflösenden Spektroskopie, da hierzu jede Emissionslinie von Gasentladungslampen verwendbar ist (wobei natürlich die nichtgebrauchten Linien durch spezielle Filter zu eliminieren sind, um das Signal-Rauschverhältnis zu verbessern).

5. *Anwendungsmöglichkeiten*

Im folgenden seien kurz die Möglichkeiten der Anwendung der HLS und anderer Methoden der Laserspektroskopie zusammengestellt:

5.1 Die Methoden der hochauflösenden Spektroskopie (mit inversem Lamb-dip) können zur Herstellung hochstabiler Laserfrequenzen dienen, die die Genauigkeit des derzeitigen Cs-Standards übertreffen: z.Z. ist eine reproduzierbare Genauigkeit von $1:10^{11}$ vielerorts erreicht, und bei besonderer Sorgfalt ist eine reproduzierbare Stabilität von $1:10^{14}$ bereits realisiert.

5.2 Es ist seit kurzem möglich, die Frequenzen von IR-Laserschwingungen mittels Heterodynmethoden direkt mit denen der cm- und mm-Wellen zu vergleichen und damit einen digitalen Anschluß an die gesetzliche Normalfrequenz des Cs-Standards zu erreichen. Als ersten Schritt hat man 1970 die Schwebung zwischen der 0,89 THz-Schwingung des HCN-Lasers mit der 100sten Harmonischen eines X-Band-Klystrons radiotechnisch gemessen und die IR-Frequenz auf 7 Dezimalstellen genau festlegen können. Die Methode ist wichtig für absolute Frequenzbestimmungen an optischen Wellen. Wie weit dieses Verfahren schon gediehen ist, zeigt folgende Tabelle über einige der gemessenen Frequenzen (1972):

Laser	λ (μm)	ν (THz)
HCN	337	0,890760
H_2O	28	10,718073
CO_2 (R 30)	10,2	29,447187
CO_2 (R 10)	9,3	32,176083
HeNe (CH_4)	3,39	88,376245

5.3 Die reproduzierbar erreichbaren Frequenzgenauigkeiten gestatten es bereits, die Frage nach der Konstanz von verschiedenen Naturkonstanten, etwa die nach einer eventuellen Frequenzabhängigkeit der Lichtgeschwindigkeit, die relativistische Uhrenverzögerung, das Verhältnis der Massen von Elementarteilchen (Proton/Elektron) und dgl. aufzugreifen. Auch für die genaue Prüfung der Variationen geophysikalischer und astronomischer Parameter sind Laserstandards einsetzbar.

5.4 Hochstabile Laserwellen machen die Beobachtung minimaler Bodenverschiebungen möglich. Die Forschungen auf diesem Gebiete werden mit dem Ziel betrieben, mit mikroseismischen Messungen der Bodenbewegung einen Erdbebenwarndienst aufzubauen. Auch für die kartografische Triangulation bringen stabilisierte Laser bedeutende Verbesserungen und Erleichterungen bei Vermessungen.

5.5 Zu den weiteren physikalischen Anwendungen wird die genaue Ausmessung der Zeeman- und Stark-Aufspaltungen sowie der Linienform von Spektrallinien gehören.

5.6 Die breiteste Anwendung wird die hochauflösende Spektroskopie in der chemischen Gasanalyse finden, wenn z. B. die Linien der Molekül-Banden so dicht liegen, daß sie durch den Dopplereffekt verdeckt und damit mittels der bisherigen Methoden nicht mehr aufgelöst werden können. Solche Verhältnisse treten ein, sobald sehr komplexe Moleküle oder ein mehrkomponentiges Gemisch von sehr vielen (auch einfacheren) Molekülarten vorliegt. Ein breites Gemisch von verschiedensten Verbindungen wird z. B. bei plasma-chemischen Reaktionen oder bei der Erdöldestillation zu analysieren sein.

Wegen der außerordentlichen Stärke der Absorptionslinien im genauen Resonanzfall können dabei schon sehr kleine Gas-Konzentrationen an absorbierenden Molekülen bemerkt werden. Die Linienauflösung und die Konzentrations-Empfindlichkeit liegen bereits jetzt schon um 2 bis 3 Zehnerpotenzen höher als bei der konventionellen Spektroskopie.

5.7 Gegenüber den Mikrowellen hat die optische Methode den Vorteil der sehr viel größeren Schnelligkeit, weil der stationäre Zustand in weniger als etwa 10^{-5} bis 10^{-3} s erreicht wird — gegenüber Zehntelsekunden bei den Mikrowellen. Man könnte somit z. B. den Zeitablauf irgendwelcher Vorgänge bis unter den msec-Bereich verfolgen und eine hochauflösende Kurzzeitspektroskopie der Kinetik chemischer Reaktionen und von Relaxationsprozessen bis etwa 10^{-5} s verwirklichen. Da die optische Methode insbesondere auf Gase anwendbar ist, bildet sie eine nützliche Ergänzung der Mikrowellenspektroskopie der Moleküle im Gaszustand.

5.8 Die Methode der hochauflösenden Spektroskopie ermöglicht die Beobachtung und Messung der natürlichen Linienbreiten bei der Lichtemission sowie einer großen Anzahl von Moleküleigenschaften einzelner Schwingungsniveaus: Kraftkonstanten, Trägheitsmomente, Diplomente, g-Faktoren.

5.9 Die Änderungen gewisser Molekülkonstanten durch die Zentrifugal- und Corioliskräfte bei der Molekülrotation stellen ebenfalls wertvolle Beobachtungsobjekte für die HLS dar. Bei den Trägheitsmomenten sind diese Änderungen etwa proportional zu J^4 bis J^6, so daß die im optischen Bereich größeren J-Werte mehr Informationen ergeben als die kleineren J-Werte bei den Mikrowellen.

5.10 Messung von Isotopenhäufigkeiten sowie von Änderungen der Moleküleigenschaften durch Isotopieeffekte.

5.11 Messung der durch Kernspin und Kernquadrupolmomente verursachten Hyperfeinstruktur.

5.12 Analyse der Änderung der chemischen Bindung innerhalb des Moleküls durch Beobachtung der Linienverschiebung.

5.13 Messung von Effekten der Substitution von Molekülgruppen an einer Stelle eines größeren Moleküls auf die Eigenschaften einer anderen Molekülgruppe am gleichen Gesamtmolekül.

5.14 Die Beobachtung der Stoßverbreiterung (Druckverbreiterung) sowie der Druckverschiebung der Linienmitten in Abhängigkeit vom Gasdruck erlaubt es, Rückschlüsse zu ziehen auf die während des Zusammenstoßes wirksamen zwischenmolekularen Kräfte (wie van der Waalssche Kräfte, elektrische und magnetische Dipolkräfte). Aus einer genaueren Untersuchung der Stoßverbreiterung lassen sich die Relaxationszeiten der einzelnen Niveaus getrennt ermitteln.

5.15 Neben diesen Möglichkeiten der hochauflösenden Spektroskopie sollte die konventionelle Laser-Spektralanalyse mit einer Auflösung von der Größenordnung der Dopplerbreite verstärkt weiter entwickelt werden, da hiermit auch eine große Anzahl von Aufgaben aus der Analytik lösbar sind. Viele spektroskopische Untersuchungen und Kontrollen lassen sich schon mit nichtstabilisiertem Laserlicht wesentlich besser und bequemer als mit Licht von konventionellen Lichtquellen durchführen. Dazu gehört vor allem die telemetrische und optische Gasanalyse (von z.B. CO, SO_2, Hg und anderen giftigen Gasen).

Die bereits vorhandenen Gaslaser-Linien reichen oft aus, um eine der vielen

Schwingungs-Rotations-Linien von mehratomigen Molekülen zu treffen, z.B. bei Alkohol, CO. Die erreichbare Empfindlichkeit ist wegen der bekannten Stärke der Resonanzabsorption sehr hoch!

Ferner ist auf die Möglichkeit hinzuweisen, Absorptionsspektroskopie mit einer Absorberküvette im Innern eines Impuls-Laserresonators (mit Rubin oder Neodymglas als laseraktivem Element) zu betreiben. Die Methode erlaubt es, in der äußerst kurzen Zeit eines Laserimpulses ($< 1\ \mu s$) ein scharfes Spektrum selbst bei sehr geringen Konzentrationen der untersuchten Proben ($\approx 10^{-10}$ g/cm^3) aufzuzeichnen. Trotz der geringen Frequenzbreite des Lasers ist das Verfahren wegen seiner großen Empfindlichkeit für viele Substanzen anwendbar.

6. *Abstimmbare Lichtquellen*

Die o.g. Beispiele zeigen, daß schon mit einem Bruchteil der z.Z. bekannten Gaslaser-Linien eine ganze Anzahl eindrucksvoller Resultate erzielt wurden. Bei der großen Anzahl der verfügbaren Laserfrequenzen besteht auch eine begründete Hoffnung, daß für die Mehrzahl der zu analysierenden Moleküle eine passende Laserwelle auffindbar sein wird.

Aber dennoch steht der universellen Anwendung der Laserspektroskopie und der hochauflösenden Spektroskopie z.Z. noch die Schwierigkeit der Herstellung einer *beliebig* einstellbaren Laserfrequenz entgegen. Um so mehr ist damit die Wichtigkeit der Schaffung einer kontinuierlich abstimmbaren Lichtquelle hinreichender Frequenzschärfe und Leistung erkennbar. Diese Aufgabe wird daher auch an vielen Orten intensiv bearbeitet, zumal verschiedene technisch-physikalische Grundlagen zur Entwicklung solcher Lichtquellen bereits bekannt und erprobt sind: In Frage kommen der Spin-Flip-Laser, der Farbstofflaser, der optisch parametrische Oszillator (OPO) und der Halbleiterlaser.

6.1 In Tab. 1 sind einige aus der Literatur entnommene Daten über den OPO (insbesondere Linienbreiten und Strahlleistungen), und anschließend weitere bekannt gewordene Fortschritte bei den anderen abstimmbaren Lichtquellen zusammengestellt.

Eine kommerziell in den USA angebotene abstimmbare Lichtquelle nach dem Prinzip des OPO hat folgende Daten:

Ein Nd-YAG-Laser wird bei einer Betriebstemperatur von $-40\,^\circ$C mit einer Kr-Blitzlampe gepumpt und kann auf 13 verschiedene Wellenlängen zwischen 946 nm und 1359 nm abgestimmt werden. Im Laseroszillator wird mittels $LiJO_3$ eine Frequenzverdopplung vorgenommen und die erzeugte Oberwelle zwischen 473 nm und 679,5 nm als Pumplicht für einen $LiNbO_3$—OPO verwendet. Der OPO kann dann durch Temperaturabstimmung den gesamten Bereich von $\lambda = 540$ nm bis 4000 nm mit einer Frequenzschärfe von 1 cm^{-1}, d.h. $\Delta\lambda \approx 0{,}03$ nm bei 540 nm und 1,6 nm bei 4000 nm, kontinuierlich überstreichen. Die vom OPO abgegebene Impulsleistung beträgt einige 100 Watt.

Abstimmbare Lichtquellen dieser Art wären ohne weiteres zur Lösung der unter 5.15 genannten Aufgaben einsetzbar.

Tabelle 1

Erreichte Linienbreiten und Ausgangsleistungen von optisch-parametrischen Oszillatoren (OPO)

a) Impulsbetrieb mit Impulsdauern von 10^{-8} bis 10^{-9} s; Pumpleistung: Größenordnung MW

Kristall	λ_{pump}	Abstimm-bereich	Linien-breite	Ausgangsl.	Wirkungs-grad
KDP	0,53 μm	0,97 – 1,2 μm	2 Å	20 MW/cm²	5%
KDP	0,53 μm	0,97 – 1,2 μm	0,05 Å	2 – 4 MW/cm²	5%
$LiJO_3$	0,69 μm	0,95 – 4 μm	?	?	1%
$LiJO_3$	0,53 μm	0,67 – 2,5 μm	2 – 30 Å	3 – 5 MW/cm²	20%
α-HJO_3	0,53 μm	0,87 – 1,4 μm	0,3 Å	3 – 5 MW/cm²	25%
α-HJO_3	0,53 μm	1,0 – 1,1 μm	0,2 Å	10 MW/cm²	80%

b) Quasikontinuierlicher Betrieb

$LiNbO_3$		0,65 – 5 μm	1 Å	10^{-2} W Mittel üb. 10^{-3} s Impulsfolge	
„Banana"		0,65 – 3 μm	10 Å	10^{-2}	
	0,53 μm		0,1 – 1 Å	100 W bis 1 KW 10^{-6} s Impulsdauer	

(Als Pumpwelle λ = 0,53 μm ist die 2. Harmonische der Strahlung eines Nd^{3+}-YAG-Lasers benutzt.)

6.2 Im visuellen Bereich sind Farbstofflaser z. Z. die geeignetsten abstimmbaren Lichtquellen. Die Linienbreiten liegen in der Größenordnung von 1/10 nm. Die impulsmäßigen Ausgangsleistungen sind genügend hoch im MW-Bereich. Auch diese Laser wären für die unter 5.15 genannten Aufgaben verwendbar.

6.3 Der Spin-Flip-Laser wird für das IR-Gebiet als sehr aussichtsreich betrachtet. Die bisher erreichte kleinste Linienbreite im Mittel über kurze Zeiten (ms) soll $\approx$ 1 kHz betragen bei Gleichlicht-Leistungen von der Größenordnung 100 mW.

6.4 Neuerdings werden Halbleiterlaser mit gutem Erfolg als spektroskopische Lichtquellen, besonders im IR-Gebiet — für die in 5.15 angeführten Zwecke — verwendet. Hier hat man den Vorteil, durch Wahl einer passenden chemischen Zusammensetzung (Pb; Sn; Ge; Si; S; Hg; Cd ...) den gewünschten Wellenlängenbereich schon grob einstellen zu können, während die Feinabstimmung durch Variation der Temperatur (über den Betriebsstrom), ferner durch Änderung von Magnetfeld oder mechanischem Druck zu erreichen ist. Eine Anwendung auf die HLS ist möglich, da bereits kontinuierliche Strahlungen von einigen mW mit Frequenzschärfen bis herunter zu 54 kHz realisiert sind.

6.5 Beim OPO wie auch bei den Farbstofflasern müßten für die hochauflösende Spektroskopie durch Einbau von Fabry-Perot-Filtern die Linien noch wesentlich eingeengt werden. Der dabei zu erwartende Intensitätsverlust wird aber auf Grund der Arbeitsweise dieser Oszillatoren weit geringer sein als es dem Verhältnis der Linienbreiten mit und ohne Filter entspricht.

Bisherige Versuche zur Verbesserung eines Farbstofflasers mit Hilfe eines Fabry-Perots im Schwingkreis erbrachten eine Linieneinengung auf 30 bis 7 MHz (1971), womit erste Anwendungen auf die HLS ermöglicht wurden. So konnte zum ersten Male auf rein optischem Wege der LAMB-shift nachgewiesen werden.

Überblickt man die großen Fortschritte, die auf dem Gebiete der Laserspektroskopie und insbesondere der hochauflösenden Spektroskopie innerhalb der Dopplerbreite schon in den wenigen Jahren seit ihrem Aufkommen erzielt wurden, so wird man angesichts ihrer vielfältigen wissenschaftlichen und technischen Anwendungsmöglichkeiten gewiß mit einer weiten Verbreitung in der nahen Zukunft rechnen können.

Literatur

[1] GOLDBERG and YNSEK: Appl. Phys. Lett. **17** (1970) 349.
[2] KNOX and PAO: Appl. Phys. Lett. **18** (1971) 360.
[3] HÄNSCH, LEVENSON, SCHAWLOV: Phys. Rev. Lett. **26** (1971) 946.
[4] BREWER, KELLY and JAVAN: Phys. Rev. Lett. **23** (1969) 559.
[5] FREED and JAVAN: Internationale Laser-Konferenz, Kyoto 1970.
[6] BREWER: Phys. Rev. Lett. **25** (1970) 1639.
[7] SCHLOSSBERG and JAVAN: Phys. Rev. Lett. **17** (1966) 1242.
[8] ALEXANDROV, KONSTANTINOV, KULJASOV, MAMIRIN, PEREL: ЖЗТФ **61** (1971), 6 (12) S. 2259–2269.

Max Schubert

Zur Anwendung quantenelektronischer Aspekte in Forschungsgeräten und bei Meßverfahren[1]

Durch die Anwendung der Quantenelektronik konnten neuartige Forschungsgeräte und experimentelle Verfahren entstehen, die es gestatten, qualitativ neue Meßaufgaben erfolgreich in Angriff zu nehmen.

Über die grundlegenden Geräte und Techniken, über deren theoretische und derzeitige praktische Grenzen sowie über Entwicklungstendenzen auf diesem Gebiet wird im Teil 1 des Vortrages berichtet. Die Betrachtungen erstrecken sich auf folgende wichtige Eigenschaften.

1.1. Zeitliche Kohärenz von Strahlungsgeneratoren

Selbst unter idealisierten Bedingungen sind für die Beschreibung dieser grundlegenden Lasereigenschaft mehrere (mindestens drei) verschiedene, im einzelnen statistisch ablaufende Prozesse (Pumpen, Strahlungsemission und -absorption; Resonatorverluste) zu berücksichtigen, die untereinander verkoppelt sind. Für Gaslaser mit niedriger Leistung ergibt sich theoretisch bei Annahme eines idealen Resonators eine relative Linienbreite von einigen 10^{-17}, die im wesentlichen durch Phasenfluktuationen bedingt ist. Real wird für kurze Zeiten $\approx 10^{-14}$ erreicht; durch Anwendung spezieller Stabilisierungsverfahren wird erfolgreich versucht, diesen günstigen Wert auch für größere Zeiten zu halten. Bei gängigen Hochleistungslasern ergeben sich Werte bis zu 10^{-6}.

1.2. Abstrahlungscharakteristik von Strahlungsgeneratoren

Die Abstrahlungscharakteristik — allgemeiner: die räumlich-zeitliche Kohärenz des Strahlungsfeldes — hängt von der Struktur der vorhandenen axialen und transversalen Moden ab. Unter bestimmten Bedingungen (Modenselektion) läßt sich Einmodenbetrieb stabil erzwingen. Für optimale Bündelung bzw. Fokussierung ist das Arbeiten mit der TEM_{00}-Mode von prinzipieller Bedeutung (GAUSS-Verteilung). Die Resultate wichtiger Effekte der nichtlinearen Optik können sich qualitativ mit dem Modenverhalten verändern. Real kann erreicht werden, daß auch leistungsstarke Laser in einen Winkel-

[1] Kurzfassung des am 26.4. und 24.5. 1973 vor der Klasse Physik gehaltenen Vortrages.

bereich abstrahlen, der der Beugungsbegrenzung entspricht (Rubinlaser: $\varnothing$ 5 mm, $\Delta\varphi = 0{,}3$ mrad); mit speziellen Lasern kann in einen Winkelbereich von weniger als 1 μsr eine Leistung von $\approx 10^8$ W ausgestrahlt werden.

1.3. Strahlungsleistung, Impulsenergie, Bestrahlungsstärke

An Hand der Bilanzgleichungen für den 3- und 4-Niveau-Laser läßt sich zeigen, welche Maßnahmen zur Erzielung hoher Leistungen zu treffen sind. Praktisch wird mit der forcierten Entleerung von „Flaschenhals-Niveaus", dem Q- bzw. gain-switching sowie der Nachverstärkung gearbeitet. Spitzenwerte für den (quasi-)kontinuierlichen Betrieb sind 60 kW (CO_2-gasdynamische Laser); im Impulsbetrieb wird mit Nd-Lasern (mit Verstärkern) $\approx 10^{11}$ W erreicht ($\Delta t \approx 5$ ns). Sowohl bei Festkörper- als auch CO_2-TEA-Lasern resultieren dabei Impulsenergien von einigen 10^2 Ws. Diese Höchstleistungslaser bewirken nach geeigneter Fokussierung Bestrahlungsstärken von 10^{18} Wm^{-2} (CO_2) bis 10^{22} Wm^{-2} (Nd). Hierbei tritt eine neue Qualität auf: die elektrische Feldstärke des Strahlungsfeldes übersteigt diejenige, mit der die Elektronen, die das normale spektroskopische und chemische Verhalten bestimmen, an den Atomrumpf gebunden sind ($\approx 10^{10}$ Vm^{-1}).

Im allgemeinen wird für eine Meßaufgabe ein Strahlungsgenerator mit mehreren günstigen Eigenschaften benötigt; für Laser hoher Qualität wurden deren wichtigste Eigenschaften zusammengestellt (Leistung, Impulsdauer, Modenverhalten, Winkeldivergenz, Linienbreite, Wirkungsgrad, Abmessungen, Anregungsbedingungen), woraus sich ein Überblick für ihre Einsatzmöglichkeiten ergibt.

1.4. Wellenlängenbereich der Strahlungsgeneratoren

Von der außerordentlich großen Anzahl im Prinzip verwendbarer Energieübergänge in Atomen, Molekülen, Festkörpern kommt für die praktische Ausnutzung zur Laseroszillation nur ein relativ kleiner Anteil in Frage. Absolut gesehen gibt es heute allerdings eine große Zahl von Lasern mit verschieden aktiven Materialien; insgesamt überdecken die diskreten Frequenzen der verschiedenen Lasertypen einigermaßen dicht den Spektralbereich vom Vakuumultraviolett bis hin zum Submillimeterbereich (Laser auf der Basis von Elektronenübergängen in Molekülen sowie in Ionen und Atomen; Farbstofflaser; Flüssigkeitslaser; optisch gepumpte Festkörperlaser; Halbleiter(Dioden)-Laser; Laser auf der Basis von Rotationsschwingungs- und Rotationsübergängen und ähnlichen in Molekülen). Gegenwärtig liegt die kleinste erreichte Wellenlänge bei 0,12 μm (H_2-Molekül, WERNER-Bande). Es werden zur Zeit umfangreiche experimentelle und theoretische Untersuchungen angestellt, um in den Bereich der Röntgen- und γ-Laser vorzudringen (beispielsweise Untersuchungen zur stimulierten Emission im Röntgengebiet durch Plasmaaufheizung).

1.4.1. Frequenztransformation

Ausgehend von Lasern mit den gegebenen diskreten Frequenzen lassen sich durch Anwendung wichtiger Effekte der Nichtlinearen Optik (Frequenzvervielfachung, Summen- und Differenzfrequenzbildung) kohärente Strahlungsquellen hoher Intensität auch für andere Frequenzen gewinnen. Konversionsfaktoren, Intensität und Linienbreite bestimmen sich aus den grundlegenden nichtlinearen optischen Eigenschaften der verwendeten Materialien.

1.4.2. Durchstimmbare Strahlungsquellen

Für viele Meßaufgaben besteht die Notwendigkeit, eine kohärente Strahlungsquelle hoher Intensität einzusetzen, deren Wellenlänge durch Veränderung eines äußeren Parameters kontinuierlich durchgestimmt werden kann. Als bedeutungsvoll für die Realisierung dieses Zieles gelten: der Spin-flip-Laser, der Polaritonenlaser, der optische parametrische Oszillator (OPO), der durchstimmbare Farbstoff- sowie Halbleiterlaser. Es werden Resultate hoher Konversion (bspw. Spin-Flip) und großen relativen Durchstimmbereiches (OPO, Polaritonenlaser) erreicht. Das detaillierte Studium von Prozessen und Materialeigenschaften der Nichtlinearen Optik verspricht hier weitere Verbesserungen.

1.5. Strahlungsnachweis durch up-Conversion

Durch Anwendung einer Frequenztransformation ergibt sich die Möglichkeit des selektiven Nachweises von Infrarotstrahlung über die Vermessung von Strahlung im sichtbaren Bereich, wozu photoelektrische Empfänger mit der bekannten hohen Detektivität einsetzbar werden. Bei Optimierung läßt sich erreichen, daß das prinzipiell unvermeidliche Photonenrauschen des Infrarotsignals die maßgebliche Rauschquelle darstellt. Für kleine Infrarotleistungen ist die Güteziffer dieses Verfahrens größer als die der besten direktnachweisenden Empfänger, was quantitativ am Beispiel des Ge:Cu dargetan wird.

1.6. Ultrakurzzeit-Verfahren

Die durch die Fouriertransformation vermittelte Korrespondenz von Eigenschaften im Zeit- und Frequenzbild (insbesondere: Periodizität und phasengekoppelte Linien im gleichen Frequenzabstand, Unschärferelation zwischen Δt und Δf) wird auf die Beschreibung des Lasers mit seinen axialen Moden unter der Verstärkerkurve angewandt. Umgekehrt proportional zu der von Material zu Material verschiedenen Fluoreszenzlinienbreite sind die Impulsdauern. Die Realisierung erfolgt durch aktive Modulation oder — und hiermit werden die kürzesten Impulse erreicht — durch internen Einsatz passiver Schalter. Erreicht werden zur Zeit Impulsdauern bis herunter zu $3 \cdot 10^{-13}$ s; ein — bis jetzt noch nicht realisierter — Vorschlag der Ausnutzung der stimulierten Ramanstreuung zielt auf Impulsdauern ab, die noch um eine Größenordnung kleiner sind. Mit diesen ultrakurzen Impulsen hat sich eine qualitativ neue

Lage ergeben, die auch für die theoretische Beschreibung der Vorgänge von großer Bedeutung ist: die Impulsdauern sind mit den Schwingungsdauern der Kernbewegung in Molekülen und Festkörpern vergleichbar. Spezielle Methoden der Nichtlinearen Optik gestatten den gezielten Einsatz sowie die Vermessung dieser ultrakurzen Impulse.

1.7. Modulationsverfahren

Durch Ausnutzung linearer und nichtlinearer elektrooptischer Effekte läßt sich sowohl extern als auch intern eine Modulation der Phase, Frequenz und Amplitude vornehmen. Die speziellen Eigenschaften der Laserstrahlung eröffnen dabei hinsichtlich der Phasen- und Frequenzmodulation Möglichkeiten, die es bei traditionellen Strahlungsquellen nicht gibt. Dasselbe gilt quantitativ auch für die Höhe der Modulationsfrequenz und den Modulationsgrad bei der Amplitudenmodulation, wie sie durch Verlustmodulation bei der Strahlungserzeugung erzielt werden kann. (Bei GaAs-Lasern Modulationsfrequenz bis $\approx 10^{11}$ Hz). Analoges gilt für die speziell auf den Laser zugeschnittene Auskoppelmodulation. Eine wichtige Entwicklung stellen die schnellen optischen Schalter und Verschlüsse (Schaltzeiten der Größenordnung ps) dar.

Geräte und Verfahren mit den in Teil 1 beschriebenen Eigenschaften ermöglichten einmal die Entwicklung völlig neuer Meßverfahren; zum anderen bewirkten sie auf vielen Gebieten eine wesentliche quantitative Verbesserung gegenüber den herkömmlichen Methoden. Im Teil 2 des Vortrages wird über Meßverfahren berichtet, deren Effektivität wesentlich auf den Einsatz von Geräten und Verfahren mit quantenelektronischer Basis beruht.

2.1. Verfahren zur Bestimmung physikalisch-chemischer Eigenschaften sowie von Prozeßparametern

Mit der Entwicklung der Quantenelektronik entstanden eine Reihe von Verfahren mit jeweils eigener methodischer Grundlage: Absorptions- und Anregungsspektroskopie mit Lasern fester oder durchstimmbarer Frequenz, Mehrphotonenspektroskopie, Spektroskopie aus angeregten Zuständen, höchstauflösende Spektroskopie (Sättigungsspektroskopie), höchstempfindliche Infrarotspektroskopie, spontane Ramanstreuung mit Lasern, stimulierte und inverse Ramanstreuung, „klassische“ und stimulierte Brillouinstreuung, spezifische Festkörperstreuprozesse (Polaritonenstreuung, Spin-flip), zeitauflösende Spektroskopie, Impulsspektroskopie (Photonenecho, induz. Transparenz), Lasermikrospektralanalyse. Diese Methoden stehen nicht unabhängig nebeneinander, sondern überdecken und ergänzen sich gegenseitig. Mit den genannten Methoden lassen sich wichtige Aussagen über grundlegende sowie technisch ausnutzbare Eigenschaften von Atomen, Molekülen, Substanz in kondensierter Phase und Plasmen aufklären. Darüber hinaus lassen sich wesentliche Querschnittsaussagen (beispielsweise: Bestimmung von Nichtlinearen Suszeptibilitäten, Intensitätsabhängigkeit makroskopischer optischer Grundgrößen, Aufklärung von Relaxationsmechanismen) gewinnen und wichtige Aufgaben der Analysenmeßtechnik (beispielsweise: Stoffanalyse unter extremen Bedingungen Oberflächenanalysen, Volumendefekte) bewältigen. An Hand einer Matrix wurden die Verknüpfungen der einzelnen Methoden mit den jeweiligen Aussagen dargestellt. An repräsentativen Beispielen (Relaxationszeitmessung, Plasmadiagnostik, Bestimmung von Mikroinhomogenitäten) wurden die bedeutenden Vorteile der auf quantenelektronischer Grundlage beruhenden Verfahren ausgewiesen.

2.2. *Präzisionsmessungen*

Bei der Entfernungsmessung ergeben sich durch Anwendung von Laser-Interferometern Spitzengenauigkeiten; Analoges gilt für die Messung kleiner Winkelgeschwindigkeiten durch den Einsatz von Ringlasern. Die Möglichkeit des Anschlusses der Frequenzmessung aus dem Mikrowellengebiet bis ins nahe Infrarot (voraussichtlich in Kürze bis ins Sichtbare) durch sukzessive Frequenzvervielfachung ergibt neue Resultate bei der Vermessung fundamentaler Konstanten, beispielsweise der Vakuumlichtgeschwindigkeit. Im Zusammenhang mit der hierbei erzielbaren Genauigkeit werden die Grenzen der Meter-Definition spürbar.

2.3. *Kurzzeitphotographie*

Bei der Bewegungsaufnahme mit Laserimpulsfolgen werden extrem kleine Zeitauflösungen erreicht.

2.4. *Optische Funktionselemente*

FOURIER-Transformatoren und optische Korrelatoren gestatten wegen der günstigen Eigenschaften der Laserstrahlung (räumlich kohärente, plane Wellen großer Intensität) auch die Verfolgung von sehr schnell ablaufenden Vorgängen. Bedeutende Entwicklungen bieten sich auf dem Gebiet der integrierten Optik an: Günstige Eigenschaften als digitales logisches Element hat die GaAs-Inverter (kleine Abmessungen, Schaltzeiten bis zu $\approx 10^{-11}$ s). Der „Distributed Feedback"-Farbstoff-Laser zeichnet sich durch kleine Abmessungen und gute Durchstimmbarkeit aus. Die Wellenleitung (Modenleitung) in Lasern und dünnen Schichten läßt neuartige Übertragungsmöglichkeiten zu; die Möglichkeit einer Änderung der effektiven Brechzahl gestattet bei Ausnutzung von Verstärkungseffekten der Nichtlinearen Optik die Gewährleistung der Phasenanpassung.

2.5. *Holographie*

Die Grundlagen der Holographie beruhen auf der Verwendung von Strahlungsfeldern hoher räumlicher und zeitlicher Kohärenz, wie sie bei der Laserstrahlung realisiert werden können.

2.6. *Nachrichtenübertragung*

Für die Informationsübertragung im außerirdischen Bereich bietet sich die Laserstrahlung wegen ihrer hohen Trägerfrequenz und Bandbreite sowie ihrer guten Bündelungseigenschaften an. Obschon für die Nachrichtenübertragung mit quantenelektronischen Mitteln im irdischen Bereich eine Reihe von Möglichkeiten diskutiert und erprobt worden sind, bestehen hier – insbesondere bei Berücksichtigung der ökonomischen Komponente – noch ernste Probleme.

Gregor Damaschun

Die Rolle experimental-physikalischer Methoden in der biologischen Strukturforschung

Die Fortschritte in der biologischen Forschung, insbesondere die Erschließung neuer Dimensionen und neuer Betrachtungsweisen, sind schon immer eng mit der Entwicklung und Anwendung neuer Untersuchungstechniken aus der experimentellen Physik verbunden gewesen. So haben die Fortschritte bei der Konstruktion leistungsfähiger Lichtmikroskope um die Jahrhundertwende die Entwicklung der Bakteriologie und Mikrobiologie ermöglicht. Die heutigen Vorstellungen vom submikroskopischen Bau der biologischen Zelle sind zu wesentlichen Teilen aus elektronenmikroskopischen Befunden abgeleitet. Für die morphologische Klassifikation der Viren war ebenfalls der Einsatz dieses Gerätes eine unentbehrliche Voraussetzung.

Die Entwicklung der Molekularbiologie ging parallel mit der Strukturaufklärung von Eiweiß- und Nukleinsäuremolekülen mittels der Röntgendiffraktion an Kristallen, Fasern und neuerdings an Gelen und Lösungen dieser Moleküle. Die numerischen Rechnungen, die zur Auswertung der Röntgendiagramme makromolekularer Substanzen erforderlich sind, wurden erst durch die Entwicklung und den Einsatz leistungsfähiger elektronischer Datenverarbeitungsanlagen ermöglicht. Da die Ermittlung der Raumstruktur auch von großen Molekülen aus ihren Röntgenbeugungsbildern weitgehend hypothesenfrei möglich ist, wurden die Spekulationen über den Bau dieser Moleküle überflüssig.

Die zur Zeit stattfindende Entwicklung auf dem Gebiet der Molekularbiologie durch den Einsatz physikalischer Methoden unterscheidet sich jedoch von den anfangs genannten Beispielen grundlegend. Licht- und Elektronenmikroskope haben es ermöglicht, die morphologisch beschreibenden Betrachtungsweisen in der Biologie und die daraus abgeleiteten Struktur-Funktions-Schlußfolgerungen auf neue Dimensionen auszuweiten.

In der molekularbiologischen Forschung liefern die experimentalphysikalischen Methoden jedoch Daten, deren Aussagen über eine „molekulare Morphologie" hinausgehen und die es ermöglichen, quantitativ energetische Theorien aus der Physik bei der Lösung biologischer Fragestellungen anzuwenden. Damit schließen diese phyikalischen Betrachtungen die große Lücke, die zwi-

[1] Nach einem Vortrag vor der Klasse Physik am 17. 4. 1975.

schen einerseits der biochemischen und andererseits der morphologischen Beschreibung von Lebensprozessen klafft.

Es ist sicher, daß nicht alle biologischen Vorgänge und Prozesse auf die molekulare, makromolekulare oder supramolekulare Ebene, d.h. auf eine molekularbiologische Betrachtung, zurückgeführt werden können; es ist aber eine erstaunliche Tatsache, daß viele biologische Vorgänge auf diesen Ebenen präformiert sind. So haben die Aufklärung der dynamischen Strukturen von Nukleinsäuremolekülen die typisch biologischen Vorgänge Vererbung und Mutation viel verständlicher gemacht .Viele Besonderheiten des Stoffwechsels und seiner Regulation können wir auf der Ebene der Enzymmoleküle und der ihrer Wechselwirkungen untereinander verstehen. Ähnliches gilt für die Genexpression, d.h. die Realisierung genetischer Information. Es ist zu vermuten, daß wir eine Reihe von Besonderheiten bei Sinnesorganen und die Vorgänge bei der Reizaufnahme und Reizwandlung erst dann wirklich verstehen werden, wenn wir die Struktur der molekularen Rezeptoren und Wandler auf der Membran- und Proteinebene experimentell untersucht haben. Größte Aufmerksamkeit verdienen sicher auch neueste Befunde, die es sehr wahrscheinlich machen, daß die Fixierung von Gedächtnisinhalten irgendwie, wie, ist z.Z. noch sehr umstritten, mit der Synthese und der Raumstruktur von Makromolekülen verknüpft ist.

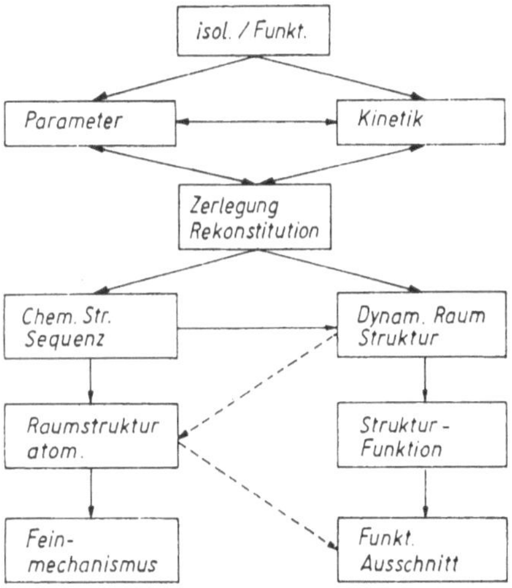

Abb. 1. Schema über die experimentellen Untersuchungen, die zur Aufklärung der Struktur und des Funktionsmechanismus eines Biopolymers oder Biopolymerassoziats erforderlich sind

Es ist eine sehr schwierige Aufgabe, die Rolle einzelner Methoden bei der Strukturaufklärung von Biopolymeren und den Biopolymerassoziaten und der Untersuchung biologischer Mechanismen einzuschätzen, da sich dieses Gebiet zur Zeit stürmisch entwickelt. Wenn man nur davon ausgeht, welchen Beitrag einzelne Methoden zu unseren heutigen Vorstellungen geliefert haben, besteht die Gefahr, neuere methodische Gebiete, auf denen in letzter Zeit größere Fortschritte erzielt wurden, zu unterschätzen. Andererseits sind gerade die Grenzen und die Anwendungsbereiche einer Methode erst nach längeren Anwendungsphasen kritisch einschätzbar, und es können sowohl Beispiele für anfänglich Unter- und Überschätzungen einzelner Methoden angeführt werden. Daher können die folgenden Ausführungen nur ein Diskussionsbeitrag zu diesem Thema sein, insbesondere da sie hauptsächlich aus Strukturuntersuchungen an Enzymen abgeleitet wurden.

Voraussetzung für strukturelle Untersuchungen an Biopolymeren ist ihre Isolierung und funktionelle Charakterisierung mit biochemischen Methoden. Für ihre Isolierung aus Zellen und Geweben hat sich in der biochemischen Forschung ein festes Methodenspektrum eingebürgert. Neben rein chemischen Arbeitstechniken werden vor allem u.a. *chromatographische und elektrophoretische Methoden* eingesetzt. *Präparative Ultrazentrifugen* gehören zur Standardausrüstung jedes biochemischen Labors. Auch auf diesem Gebiet bestehen noch große Möglichkeiten durch Einführung ganz anderer Wirkprinzipien aus der Physik. ARNDT-JOVIN und JOVIN haben kürzlich einen computergesteuerten Zellseparator beschrieben, der mittels Lichtstreuung an einzelnen Zellen in einer Flußappatur diese kontinuierlich nach vorgebbaren geometrischen Merkmalen sortiert.

Um isolierte Biopolymere und Biopolymerassoziate nicht nur funktionell sondern auch strukturell eindeutig zu identifizieren, ist es erforderlich, bestimmte physikochemische Parameter von ihnen schnell zu ermitteln. Dazu gehören u.a. die mit der *analytischen Ultrazentrifuge* bestimmten Sedimentationskonstante und die absolute Molmasse. An Stelle der absoluten Molmassenbestimmung mit der Ultrazentrifuge werden neuerdings verstärkt relative Molmassen mit chromatographischen und elektrophoretischen Methoden bestimmt, da hier im Vergleich zum Einsatz der analytischen Ultrazentrifuge der Aufwand erheblich geringer ist. Parallel zur Charakterisierung der Biopolymere durch physikochemische Methoden erfolgt die quantitative Bestimmung des funktionellen Verhaltens in Form von *Bindungskinetiken*. Als Detektoren stehen dabei Methoden der *optischen Spektroskopie* im UV/VIS-Bereich im Vordergrund. Da hierbei große Meßserien erforderlich sind, bestehen hohe Anforderungen an den Automatisierungsgrad und Bedienungskomfort der eingesetzten Geräte.

Da in den ersten Stadien einer biochemischen Untersuchung einer neuen Substanz meist nur minimale Substanzmengen zur Verfügung stehen, sind sowohl bei den Geräten zur Bestimmung der physikochemischen Parameter als auch bei denen zur Bestimmung der Bindungscharakteristiken Konstruktionen erforderlich, bei denen diese Tatsache genügend berücksichtigt wird.

Da in der Mehrzahl funktionelle Biopolymerassoziate aus einer Reihe von funktionellen Komponenten zusammengesetzt sind, ist es erforderlich, die Art und Zahl dieser Komponenten und ihre funktionelle Bedeutung im Assoziat detailliert zu studieren, günstigstes Hilfsmittel ist die Zerlegung des Asso-

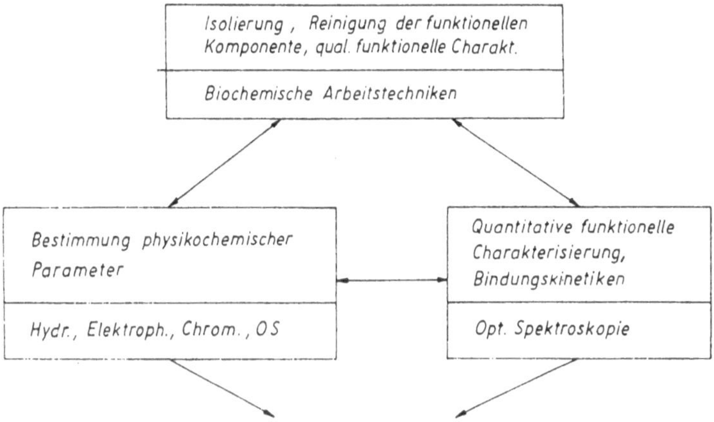

Abb. 2. Die ersten Stufen der Untersuchung eines Biopolymers, und die dabei hauptsächlich eingesetzten Methoden Hydrodynamik—Ultrazentrifugation, Elektrophorese, Chromatographie, Optische Spektroskopie

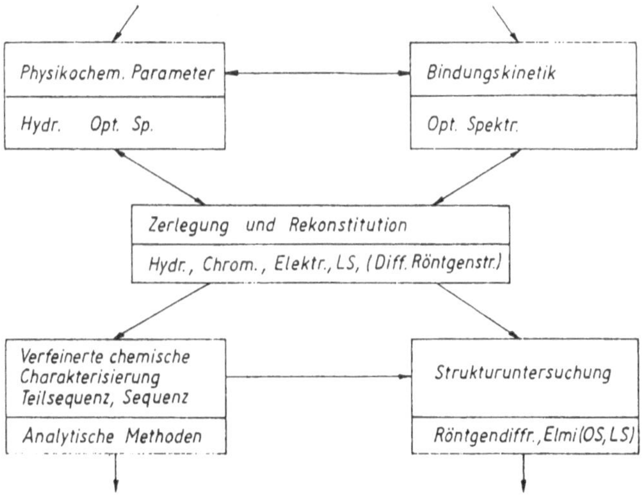

Abb. 3. Weiterführung der Untersuchung eines Biopolymers. Bei diesen Stufen tritt die physikalische Strukturforschung neben die biochemische Charakterisierung. Eingesetzt werden u.a. zusätzlich die Röntgendiffraktometrie (Röntgen-Kleinwinkelstreuung + Röntgen-Weitwinkelstreuung), die Lichtstreuung (LS), die Elektronenmikroskopie (Elmi) und die Palette analytischer Methoden (Massenspektrometrie, Hochfrequenzspektroskopie u.a.)

ziats in seine Komponenten und seine Rekonstitution aus seinen Komponenten. Zu diesem Problemkreis gehören u.a. die Bestimmung der Zahl und Art der Protomeren eines oligomeren Enzyms, die Ermittlung der einzelnen Enzyme in Multienzymkomplexen und die Bestimmung der einzelnen r-RNS- und Proteinmoleküle aus denen ribosomale Subeinheiten aufgebaut sind, die wiederum das Ribosom bilden. Die Untersuchungen betreffen aber auch ganze Funktionskomplexe, wie das Chromatin im Zellkern oder den Translationsapparat in der Zelle. Die eingesetzten Methoden sind dabei zum Teil die gleichen wie in beiden vorangegangenen Stufen. Eine besondere Rolle kommt in diesen Stadien allen den Methoden, wie der Ultrazentrifugation, zu, die es gestatten, neben der Bestimmung physikochemischer Parameter eine quantitative Separation der poly- oder paucidispersen Systeme durchzuführen.

Bei der Ermittlung der chemischen Struktur von Biopolymeren, die in der Ermittlung der vollständigen Sequenz ihren Höhepunkt findet, nehmen physikalische Methoden als Hilfsmittel bei diesen Arbeiten einen festen Platz ein. Geräte wie *hochauflösende Massenspektrometer*, *Kernresonanzspektrometer* und *Ultrarotspektrometer* liefern für das chemische Arbeiten unentbehrliche Daten. Die eigentlichen Sequenzbestimmungen erfolgen mit automatischen *Sequenatoren.*

Um die vollständige Raumstruktur, d.h. die Lage aller Atome im Raum, zu ermitteln, ist es bisher nicht zu umgehen, die Biopolymeren in Form von Einkristallen darzustellen. Nur dann kann diese Aufgabe mit Hilfe der *Röntgen-*

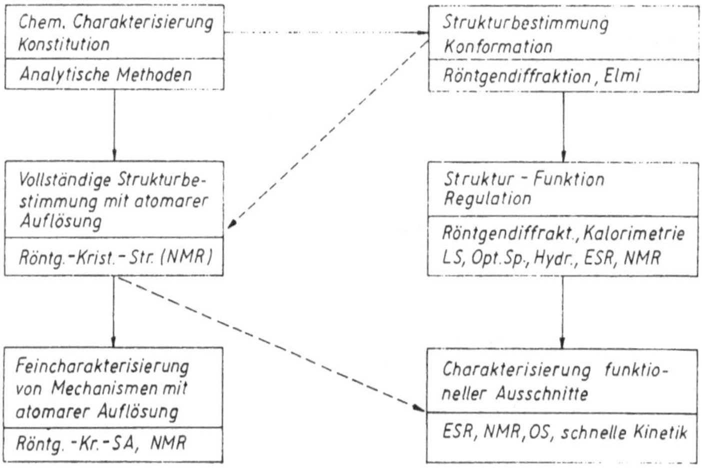

Abb. 4. Nach den vollständigen Strukturbestimmungen mit Hilfe der Röntgen-Kristallstrukturanalyse oder Strukturbestimmungen mit Hilfe der Röntgendiffraktion und des Elektronenmikroskops ist es möglich, die Struktur-Funktions-Experimente und die Experimente zur Charakterisierung funktioneller Ausschnitte zu interpretieren und so funktionelle Mechanismen und Regulationsmechanismen zu erkennen

Kristallstrukturanalyse gelöst werden. Die dazu erforderliche umfangreiche Datensammlung erfolgt mit rechnergesteuerten Mehrkreisdiffraktometern. Die Berechnung der Elektronendichtekarten erfolgt auf elektronischen Großrechnern. Um das Phasenproblem bei der Röntgen-Kristallstrukturanalyse zu lösen, ist es bei Proteinkristallen erforderlich, isomorphe Schweratomderivate zu erhalten. Der Aufwand für eine derartige vollständige Strukturbestimmung eines Biopolymeren ist allerdings sowohl von biochemischer Seite — Kristallisation, Darstellung isomorpher Schweratomderivate, Sequenzermittlung — als auch von physikalischer Seite — Sammlung der Daten, Datenverarbeitung, Interpretation — beträchtlich. Allerdings verlagert sich der aufwendigere Teil immer mehr auf die biochemische Seite, da der kristallographisch-physikalische Teil durch Automatisierung des Meßprozesses und durch den Einsatz von sehr schnellen Computern bei der Auswertung in den letzten Jahren beträchtlich verkürzt wurde und sich hier noch weitere Entwicklungsmöglichkeiten abzeichnen.

Dieser Weg ist bisher der einzige, um z.B. den Feinmechanismus einer enzymatischen Reaktion vollständig aufzuklären, und experimentell zu beweisen. Die Kenntnis der Raumstruktur ermöglicht es nämlich, durch röntgenographische Differenzsyntheseverfahren oder durch die nun mögliche Interpretation *hochaufgelöster* NMR-Spektren, die Wechselwirkung von biologisch aktiven Verbindungen wie Substrat-, Inhibitor- und Regulatormolekülen mit Enzymen bis ins Detail zu klären. Der Grund für die schwierige Natur dieses Problems besteht darin, daß im aktiven und allosterischen Zentrum von Enzymen Teile aus verschiedenen Faltungen der Proteinkette eng benachbart sind und zusammenwirken. Daher liefert die Primärstruktur alleine wenig Anhaltspunkte zur Lösung dieser Fragen.

Die Forderung nach Kristallisierbarkeit der Biopolymeren ist eine starke Einschränkung für die Bearbeitung vieler struktureller Probleme in der Molekularbiologie. Bei der Untersuchung fibrillärer Moleküle mit statistischer Konformation und von Biopolymerassoziaten sind zur Zeit bzw. prinzipiell derartige Untersuchungen an Einkristallen nicht möglich. Hier liefern die *Röntgendiffraktometrie* und das *Elektronenmikroskop* Daten, um Strukturmodelle, allerdings nicht mit atomarer Auflösung, aufzustellen. Mit Hilfe der *Röntgen-Kleinwinkelstreuung* kann die Gestalt von Molekülen in Lösungen sehr detailliert bestimmt werden. Die Quartärstruktur von Biopolymeren wird ebenfalls mit dieser Methode und mit Hilfe des Elektronenmikroskops bestimmt. Aussagen über die Tertiär- und Sekundärstruktur können aus der *Röntgen-Weitwinkelstreuung* von Lösungen, Gelen und Fasern erhalten werden. Insbesondere ist diese Methode in der Lage, andere Methoden, die zwar auf Sekundärstrukturen sehr empfindlich sind, aber keine direkten Bestimmungen erlauben, zu eichen, wie z.B. die Zuordnung von *Zirkular-Dichroismus*spektren zu bestimmten Konformationen bei Proteinen und Nulcinsäuren. Bei nicht zu großen Molekülen ist die Bestimmung der Sekundärstruktur aus hochaufgelösten NMR-

Spektren möglich. Die so erhaltenen Strukturmodelle liefern die Voraussetzungen, um die in der molekularbiologischen Forschung sehr zahlreich durchgeführten Struktur-Funktions-Experimente zu deuten. Hierbei werden die Strukturänderungen von Biopolymeren in Abhängigkeit von Milieuparametern mit dem Ziel untersucht, den Strukturänderungen funktionelle Mechanismen zuzuordnen. Zum dabei eingesetzten Methodenspektrum gehören u.a. *Röntgendiffraktometrie*, *Ultrazentrifugation*, *Viskositätsmessungen*, *calorimetrische Untersuchungen*, die verschiedenen *spektroskopischen Techniken* bis zur *ESR-Untersuchung* mit Spinlabeln und Untersuchungen der *schnellen Kinetik*. Mit Hilfe letzterer Technik, NMR-Untersuchungen und spektroskopischen Methoden, gelingt es insbesondere, funktionelle Ausschnitte des Biopolymers näher zu charakterisieren und Konformationsänderungen des Biopolymers in der Umgebung bestimmter Molekülteile zu verfolgen.

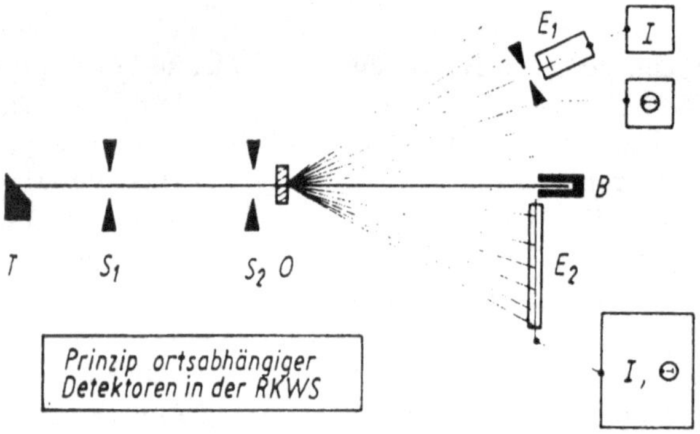

Abb. 5. Ein instruktives Beispiel für die Bedeutung neuer Wirkpinzipien aus der Physik in der biologischen Strukturforschung sind die zur Zeit laufenden Entwicklungen von ortsempfindlichen Detektoren für die Röntgendiffraktometrie. Der große Nachteil von Röntgenmethoden sind die zu langen Registrierzeiten. Die Verwendung von Synchrotonstrahlung ist an große Beschleuniger gebunden, die ortsabhängigen Detektoren ergeben ebenfalls Registrierzeitverkürzungen um den Faktor 200—500, gestatten den Einsatz konventioneller Röntgengeneratoren und sind daher jedem Labor zugänglich

Die nicht zu umgehende Notwendigkeit zur Lösung molekular-biologischer Fragen moderne experimental-physikalische Methoden einzusetzen, bringt eine Reihe neuartiger Probleme in der Forschung mit sich. So ist die Einführung derartiger Techniken nicht mit der Aufstellung von Großgeräten alleine zu realisieren. Um diese physikalischen Techniken in ihren Aussagen voll auszunutzen, sind etwa vier- bis fünfjährige Einarbeitungszeiten von Spezialistenteams erforderlich. Es muß eine umfangreiche soft-ware für EDV-Anlagen entwickelt werden. Methoden wie die Röntgendiffraktometrie, die Hochfrequenzspektrometrie und die Massenspektrometrie erfordern auf Grund der hohen Datenanfälle on- oder off-line Kopplungen mit *Geräte-* und *Prozeßrechnern*. Nur bei ausgereiften Methoden ist der Einsatz kompletter kommerzieller Großgeräte möglich. Bei neueren Techniken, deren Einsatz gerade auf Grund ihrer neuartigen Aussagen oft sehr erfolgversprechend ist, ist der Aufbau von Großgeräten aus kommerziellen und selbstentwickelten Baugruppen erforderlich. Hierzu müssen qualifizierte Entwicklungs- und Werkstattkapazitäten in die Forschung integriert werden. Schließlich erfordern die Interpretationen der Ergebnisse fundierte theoretisch-physikalische Kenntnisse bei den Experimentatoren.

Beispiele von größeren experimentellen Aufbauten

1. Großgerätekombinationen aus kommerziellen Baugruppen und Eigenentwicklungen
   - Kurzzeitspektrometer
   - Röntgendiffraktometer für diffuse Röntgenstreuung
2. Kommerzielle Großgeräte
   - Analytische Ultrazentrifuge
   - ESR-Spektrometer
   - Elektronenmikroskop
   - Massenspektrometer
   - Szintillationsspektrometer
3. Laborgeräte
   - Analysenautomaten (incl. Spektralphotometer) nach dem Baukastenprinzip
   - Präparative Ultrazentrifugen
   - halbautomatische Spektralphotometer für Bindungskinetikmessungen

Abb. 6. Beispiele für größere experimentelle Aufbauten am Zentralinstitut für Molekularbiologie der AdW. Die drei Gerätegruppen sind typisch für verschiedene Entwicklungsstadien der experimentellen Forschung

Diese Physikalisierung der Strukturforschung wird nicht ohne Rückwirkungen auf die biochemische Forschung bleiben. Während die Bestimmung von physikochemischen Parametern und Bindungskinetiken bei kleinen Substanzmengen durch spezielle Geräteentwicklungen berücksichtigt werden kann, ist dies bei detaillierten Strukturuntersuchungen und der Aufklärung von Mechanismen nur noch bedingt möglich, so daß sich die Einführung von Methoden zur Darstellung und Reinigung von Biolpolymeren im halbtechnischen Maßstab nicht umgehen läßt. Die Röntgendiffraktometrie, die spin-label Technik in der ESR, fluoreszenzspektroskopische Untersuchungen und NMR-Messungen erfordern die gezielte Einführung von Sondenmolekülen in die Biolpolymeren, eine schwierige und aufwendige präparative Aufgabe.

Letztlich sei noch das Problem der sinnvollen Reihenfolge einzelner Untersuchungen hervorgehoben, um bestimmte biologische Probleme zu lösen. Der oft geforderte massive parallele Einsatz verschiedener Methoden hat nicht zu den gewünschten Erfolgen geführt, zu viele anfallende Daten sind dabei noch nicht methodenunabhängig interpretiert und tragen so nur wenig zur

Klärung von Problemen bei. Die große praktische Bedeutung, die aber in Zukunft der Ermittlung und der Kenntnis der dynamischen Biopolymerstrukturen zukommen wird, rechtfertigten den erforderlichen Aufwand zur Lösung dieser Fragen. Insgesamt ist dieser noch immer gering gegenüber dem, der z. B. in der kernphysikalischen Forschung schon lange üblich ist.

Wichtig für die zukünftige Entwicklung dieses Gebietes ist jedoch neben der Schaffung der technologischen Voraussetzungen in Form eines leistungsfähigen Gerätebaus die echte Integration dieser physikalischen Biologie in die biologische Forschung.

Harry Pfeifer

Hochauflösende magnetische Kernresonanz im Festkörper [1]

Die Magnetische Kernresonanzmethode (nmr) hat sich seit ihrer Entdeckung 1946 durch F. Bloch [1] und E. M. Purcell [2] zu einem außerordentlich leistungsfähigen Verfahren bei der Untersuchung molekularer Strukturen und dynamischer Elementarprozesse in Flüssigkeiten entwickelt. Dies beruht in erster Linie auf der großen Schärfe ($< 10^{-8}$), mit der die Resonanzfrequenzen der Atomkerne nachgewiesen werden können, so daß schon geringe Änderungen in den Elektronenhüllen Anlaß zu getrennten Signalen geben. Das Prinzip eines sogenannten stationären Spektrometers ist in Abb. 1 dargestellt. Die Probe,

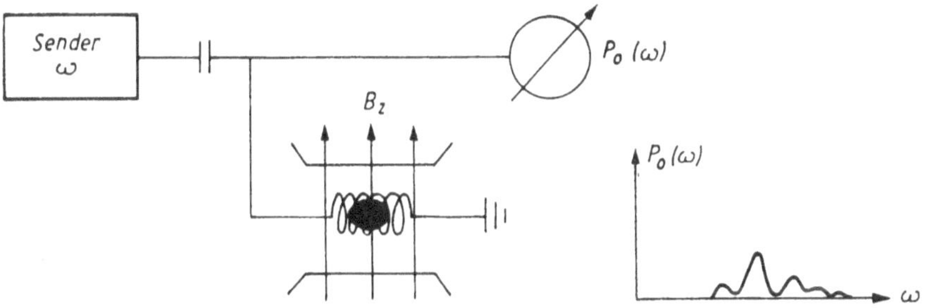

Abb. 1. Prinzipschaltbild eines Spektrometers zur Messung von stationären magnetischen Kernresonanzsignalen $P_0(\omega)$ (Kernresonanzspektren)

z. B. einige Tropfen einer Flüssigkeit, befindet sich in einem starken konstanten Magnetfeld B_z und gleichzeitig unter der Einwirkung eines hochfrequenten magnetischen Wechselfeldes mit der Kreisfrequenz ω. Die von der Probe absorbierte Hochfrequenzleistung, die wir mit P^2 bezeichnen, wird in Abhängigkeit von ω gemessen und liefert das sog. stationäre Kernresonanzsignal $P_0(\omega)$. Ein Maximum der absorbierten Leistung tritt immer dann auf, wenn die Sen-

[1] Vortrag vor der Klasse Physik am 22. 4. 1976.

derfrequenz ω mit der Larmorfrequenz von Atomkernen in der Probe übereinstimmt. Für einen Atomkern ohne Elektronenhülle lautet also die Resonanzbedingung

$$\omega_{res} = -\gamma B_z, \tag{1}$$

wobei γ das gyromagnetische Verhältnis des betreffenden Atomkerns bezeichnet und das Minuszeichen darauf hinweist, daß bei positivem γ die Präzession ω_{res} mit der Richtung von B_z eine Linksschraube bildet.

Eine Elektronenhülle führt zu einer teilweisen Abschirmung des Magnetfeldes und Gl. (1) ändert sich ab zu

$$\omega_{res} = -\gamma(1 - \sigma^0)\, B_z. \tag{2}$$

Die Größe σ^0 wird „chemische Abschirmung" genannt, da sie von der Struktur der Elektronenhülle abhängt, die bekanntlich für die chemischen Eigenschaften des Atoms bzw. Moleküls verantwortlich ist. Abb. 2 zeigt schematisch das

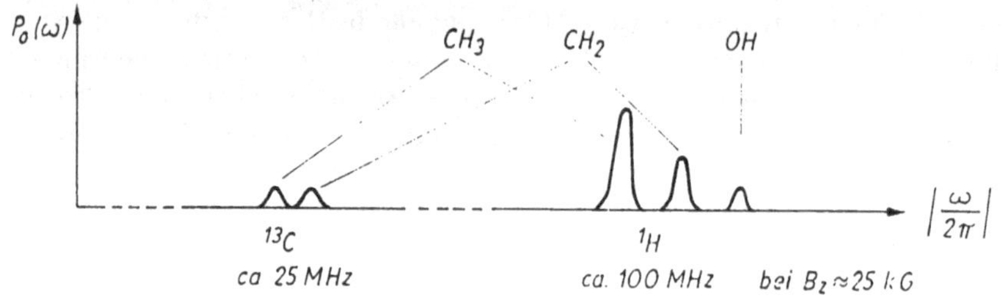

Abb. 2. Schematische Darstellung des magnetischen Kernresonanzspektrums von Äthylalkohol in einem Magnetfeld von 23,5 kG

magnetische Kernresonanzspektrum von Äthylalkohol in einem Magnetfeld B_z von 23,5 kG. (Die Signale der nur mit geringer Häufigkeit auftretenden Atomkerne ^{2}H, ^{3}H und ^{17}O wurden der Einfachheit halber weggelassen.) Man kann zeigen, daß die Fläche der Linien proportional zur *Anzahl* der jeweils in Resonanz befindlichen Atomkerne ist, was die Deutung von Kernresonanzspektren sehr erleichtert. Die Protonen liefern wesentlich intensivere Signale als die Kohlenstoffkerne, da (abgesehen von dem größeren gyromagnetischen Verhältnis) die Protonen mit 99,985% natürlicher Häufigkeit relativ viel stärker vertreten sind als die nur mit 1,108% in der Natur vorkommenden Kohlenstoffkerne der Massenzahl 13; denn das häufigste Kohlenstoffisotop (^{12}C) besitzt den Spin 0 und ist damit kernresonanzinaktiv.

In den meisten Fällen wird an Stelle der chemischen Abschirmung σ^0 die Differenz zu einem Standard

$$\sigma^0_{standard} - \sigma^0 = \sigma \tag{3}$$

angegeben, da sich diese Größe σ, die man „chemische Verschiebung" nennt, meßtechnisch einfach bestimmen läßt, wenn man als Standard eine relativ leicht verfügbare Flüssigkeit verwendet. International hat sich hier sowohl für die Protonen- als auch für die ^{13}C-Resonanz Tetramethylsilan (TMS) eingeführt, das aus einem zentralen Siliziumatom mit vier tetraedrisch angeordneten CH_3-Gruppen besteht und das neben anderen günstigen Eigenschaften eine besonders große Abschirmung besitzt, so daß die chemischen Verschiebungen der meisten Verbindungen ein positives Vorzeichen erhalten.

Der wesentliche Vorteil der ^{13}C-Resonanz besteht darin, daß die chemischen Verschiebungen infolge der größeren Elektronenhülle über einen viel breiteren Bereich verteilt sind ($\approx 600 \cdot 10^{-6}$ entsprechend 600 ppm) als bei der Protonenresonanz ($\approx 20 \cdot 10^{-6}$ entsprechend 20 ppm). Tab. 1 zeigt chemische Verschiebungen der ^{13}C-Resonanz einiger Flüssigkeiten, wobei hier wie im folgenden stets TMS als Standard gewählt wurde. Die mit einer solchen Meßgenauigkeit erreichbare hohe Empfindlichkeit gegenüber Veränderungen in den Elektronenhüllen der Kohlenstoffkerne demonstriert Abb. 3, wonach der unterschiedliche Abstand der CH_2-Gruppen vom Molekülende in einem unverzweigten, d.h. linearen Alkan, genügt, um bis zu fünf CH_2-Gruppen zu unterscheiden. In Abb. 4 sind die ^{13}C-Spektren vom Buten-1 im flüssigen Zustand (a) und

Tabelle 1
Chemische Verschiebungen der ^{13}C-Resonanz einiger Flüssigkeiten bezogen auf TMS bei 38 °C

Zyklohexan	$\delta = (25{,}5 \pm 0{,}05)$ ppm
Benzol	$\delta = (128{,}5 \pm 0{,}05)$ ppm
Schwefelkohlenstoff	$\delta = (192{,}8 \pm 0{,}05)$ ppm

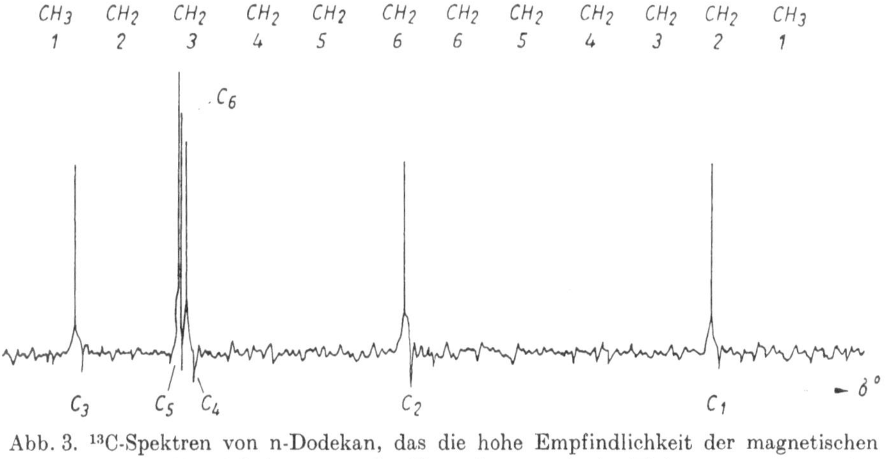

Abb. 3. ^{13}C-Spektren von n-Dodekan, das die hohe Empfindlichkeit der magnetischen Kernresonanz in Flüssigkeiten gegenüber Veränderungen in der Elektronenstruktur zeigt. Die unterschiedliche Position der CH_2-Gruppen genügt, um getrennte Signale zu liefern

adsorbiert in porösen Festkörpern (Zeolithen) vom Typ NaX (b), NaY (c) und NaAgX (d) dargestellt [3], [31]. Neben charakteristischen Linienverschiebungen, aus denen Rückschlüsse auf die Adsorption (Bildung von Adsorptionskom-

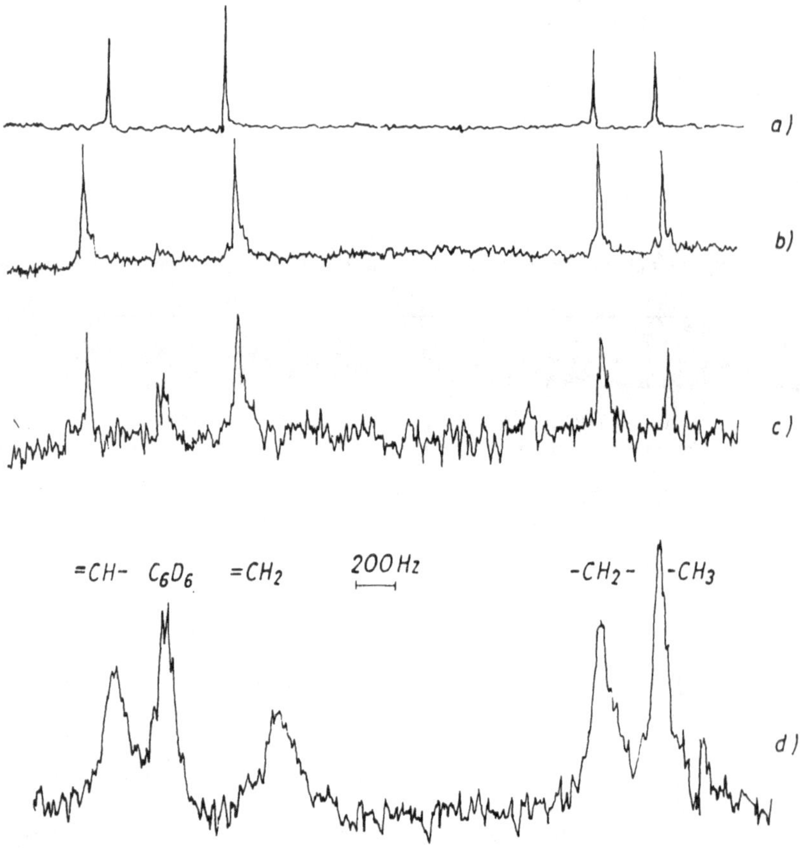

Abb. 4. ^{13}C-Spektren von Buten-1 im flüssigen Zustand (a) und adsorbiert in Molsieben (Zeolithen) vom Typ NaX (b), NaY (c) und NaAgX (d) [31]

plexen) und auf katalytische Vorgänge an der Oberfläche gezogen werden können [3], [4], erkennt man, besonders bei dem fester adsorbierenden NaAgX-Zeolith, daß die Linien im adsorbierten Zustand verbreitert sind. Das wird noch deutlicher am Protonenresonanzspektrum von Buten-1 im NaY-Zeolith (das gleiche System wie in Abb. 4c), wo die Verbreiterung die Größe der chemischen Verschiebungen erreicht hat, so daß eine Auflösung der einzelnen Protonenresonanzlinien, die in Abb. 5 durch senkrechte Striche gekennzeichnet sind, nicht mehr möglich ist [5]. Im festen Zustand schließlich, Buten-1 gefriert bei −180 °C, werden die Linien so breit, daß die Protonen- und die ^{13}C-Spektren zu je *einer* breiten Linie entarten: Die einzelnen Komponenten und ihre eventuellen Verschiebungen sind nicht mehr zu erkennen, und wertvolle Information geht verloren. Ursache für diese Erscheinung ist die magnetische Dipolwechselwirkung, d.h. das zusätzliche Magnetfeld, das die Protonen, die dem in Reso-

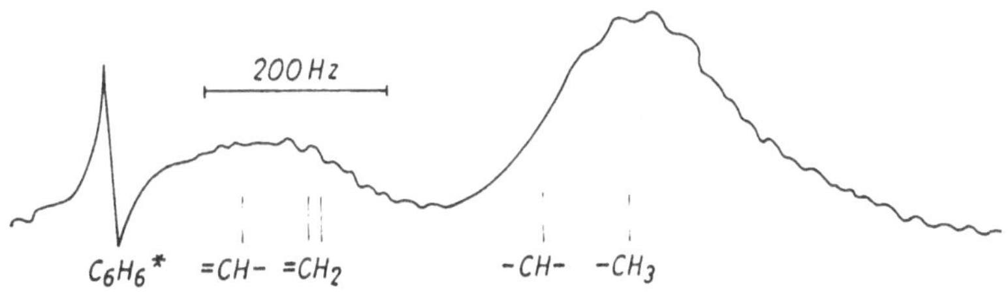

Abb. 5. ^{1}H-Spektrum von Buten-1 adsorbiert in einem Molsieb (Zeolith) vom Typ NaY (gleiches System wie bei Abb. 4b). Die senkrechten Striche kennzeichnen die einzelnen Protonenresonanzlinien im flüssigen Zustand

nanz befindlichen Atomkern benachbart sind (die ^{13}C-Kerne spielen wegen der geringen Häufigkeit hierbei keine Rolle), auf Grund ihres magnetischen Momentes am Ort dieses Kerns erzeugen. Je nach der Orientierung der Protonenspins, ihren Abständen vom Kern und der Orientierung der Abstandsvektoren ergeben sich für den Betrag dieses Feldes, den wir mit B_L bezeichnen wollen, Werte zwischen 1 und 10 G. Das führt bei einem äußeren Feld B_Z von 25 kG zu relativen Linienbreiten zwischen 80 und 800 ppm. Im *flüssigen Zustand* bewirkt die thermische Bewegung der Moleküle eine so schnelle Umorientierung der Abstandsvektoren, daß sich das zusätzliche Magnetfeld ausmittelt. Die Bedingung hierfür lautet

$$\tau_c \ll \frac{1}{\gamma B_L}, \tag{4}$$

wobei τ_c die Korrelationszeit der thermischen Bewegung ist, d.h. die Zeit, in der sich das Molekül und damit die Abstandsvektoren um einen Winkel von der Größenordnung Eins umorientieren. Im festen Zustand dagegen, der durch

$$\tau_c \gg \frac{1}{\gamma B_L} \tag{5}$$

gekennzeichnet ist, kommt B_L voll zur Wirkung, und die Linienverbreiterung überdeckt die chemischen Verschiebungen der Resonanzen.

Damit ergibt sich zur Realisierung einer hochauflösenden magnetischen Kernresonanz im Festkörper die Aufgabe, den Einfluß der magnetischen Dipolwechselwirkung auf die Kernresonanzspektren zu eliminieren oder wenigstens zu reduzieren, ohne gleichzeitig die chemische Verschiebung zu beseitigen.

Dies ist im Prinzip dadurch möglich, daß man den Abstandsvektoren eine geeignete Zeitabhängigkeit aufprägt (z.B. durch eine makroskopische Rotation der Probe [6]) oder daß man die Spinorientierung in einer bestimmten zeitlichen Folge variiert. Die erste Möglichkeit führt wegen der begrenzten Drehzahl nur in Sonderfällen zu Teilerfolgen [7] und stellt keine praktikable Lösung dar. Die zweite Möglichkeit, mit der sich der vorliegende Bericht beschäftigt, wurde erst Ende der sechziger Jahre erkannt und hat in den letzten fünf Jahren zu durchaus beachtlichen Erfolgen geführt. Dabei muß man prinzipiell zwischen zwei verschiedenen Techniken unterscheiden:

1. Die hochauflösende magnetische Resonanz *seltener* Kerne im Festkörper. Seltene Kerne, wie z.B. ^{13}C, sind dadurch gekennzeichnet, daß das Dipolfeld B_L, dessen Einfluß eliminiert werden soll, von einer *anderen* Spinsorte, z.B. den Protonen, herrührt. Damit kann B_L relativ einfach eliminiert werden, jedoch macht die geringe Signalintensität besondere Maßnahmen erforderlich.

2. Die hochauflösende magnetische Resonanz *häufiger* Kerne im Festkörper, wie z.B. Protonen, die dadurch charakterisiert ist, daß ein von der gleichen Spinsorte erzeugtes Dipolfeld B_L (homonukleare Dipolwechselwirkung) eliminiert werden muß. Dies erfordert eine kompliziertere Technik, liefert aber starke Signale.

Bei den seltenen Kernen, die wir im folgenden mit dem Buchstaben S kennzeichnen, wird B_L durch die sogenannte Spinentkopplung ausgemittelt, indem man ein hochfrequentes Magnetfeld mit der Resonanzfrequenz der häufigen Kerne ($\omega_I = -\gamma_I B_z$) und einer solchen Amplitude B_{1I} einstrahlt, daß die Bedingung

$$\gamma_I B_{1I} \gg \gamma_s B_L \tag{6}$$

erfüllt ist, wobei γ_s bzw. γ_I das gyromagnetische Verhältnis der seltenen (Spin S) bzw. häufigen Kerne (Spin I) bedeutet. Die Ungleichung (6) läßt sich leicht sowohl anschaulich einsehen als auch quantenmechanisch durch Lösung der Bewegungsgleichung für den Spinvektor S beweisen. Wenn z.B. die ^{13}C-Resonanz beobachtet werden soll, so müssen die Protonen mit einem magnetischen Wechselfeld einer etwa viermal größeren Frequenz ($\gamma_I/\gamma_s \approx 4$, vgl. Abb. 2) und gemäß (6) mit einer Amplitude $B_{1I} \gtrsim 10$ G entkoppelt werden. Dies ist technisch durchaus realisierbar, wenn auch die dabei auftretenden Isolations- und Erwärmungsprobleme für die herkömmliche Hochfrequenzspektroskopie neuartig sind. Das schlechte Signal-Rausch-Verhältnis bei der magnetischen Kernresonanz seltener Kerne im Festkörper läßt sich nicht durch eine einfache Signalakkumulation verbessern, da infolge der sehr großen Relaxationszeiten in ungünstigsten Fällen die Zeitabstände zwischen den Einzelmessungen bis zu einigen Stunden ausgedehnt werden müssen. Deshalb wird durch geeignetes Ein- und Ausschalten der beiden hochfrequenten Felder (ω_s und ω_I) ständig Spinpolarisation von den häufigen auf die seltenen Kerne transportiert (Kreuzrelaxation). Dieses sog. PGW-Verfahren [8], [9] verbessert die Signalintensität bis zu Werten, die bei gleichen Linienbreiten vergleichbar mit dem entsprechenden Signal für den flüssigen Zustand (Fourierspektroskopie) sind. Die hochauflösende magnetische Resonanz seltener Kerne im Festkörper ist damit prinzipiell gelöst, und seit 1975 werden auch schon kommerzielle Spektrometer (SXP 4) angeboten. Abb. 6 zeigt das mit einem Leipziger

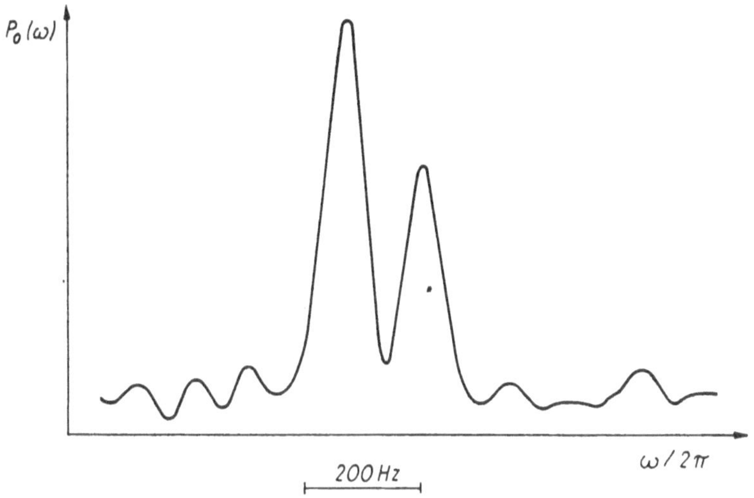

Abb. 6. ^{13}C-Spektrum von Adamantan bei Zimmertemperatur nach dem PGW-Verfahren [10]

Eigenbaugerät bei 15 MHz und mit $B_{1I} = 15$ G aufgenommene ^{13}C-Spektrum von Adamantan [10], das oft als Testsubstanz Verwendung findet. Man erkennt, daß die Protonenentkopplung zu einer Linienbreite von etwa 70 Hz geführt hat, was einer Verringerung um den Faktor 14 gegenüber der dipolverbreiterten Linie entspricht und die Auflösung der beiden ^{13}C-Resonanzen ermöglicht.

Um das Verfahren zur Hochauflösung der magnetischen Resonanz häufiger Kerne im Festkörper zu erläutern, müssen wir etwas weiter ausholen: Magnetische Kernresonanzen sind nicht nur stationär beobachtbar (absorbierte Leistung als Funktion der Frequenz ω, vgl. Abb. 1), sondern auch, und dies geschieht in zunehmendem Maße, als instationäre Signale. Abb. 7 zeigt das Prinzipschaltbild. Der Hochfrequenzsender ist hier im Gegensatz zu Abb. 1 fest auf die mittlere Resonanzfrequenz ($\omega = -\gamma_I B_z$) der zu beobachteten Kerne mit dem Spin I abgestimmt. Durch eine geeignete Ankopplung des Senders wird erreicht, daß die Probe bei geschlossenem Schalter S ein magnetisches Drehfeld erfährt, das mit der Frequenz ω um die Richtung von B_z rotiert. Die momentane Richtung dieses Drehfeldes werde als x-Richtung bezeichnet und die Amplitude des Drehfeldes mit B_{1I}. Wenn der Schalter nur die kurze Zeitspanne t_w geschlossen bleibt, so daß gerade

$$\gamma_I B_{1I} t_w = \pi/2 \tag{7}$$

gilt, nennt man dieses Feld einen $\frac{\pi}{2}$ — x-Impuls, da sich sowohl klassisch als auch quantenmechanisch leicht zeigen läßt, daß dadurch der Spinvektor $\vec{I}$ bzw. sein Operator um den Winkel $\pi/2$ um die $-x$-Achse gedreht wird. Als

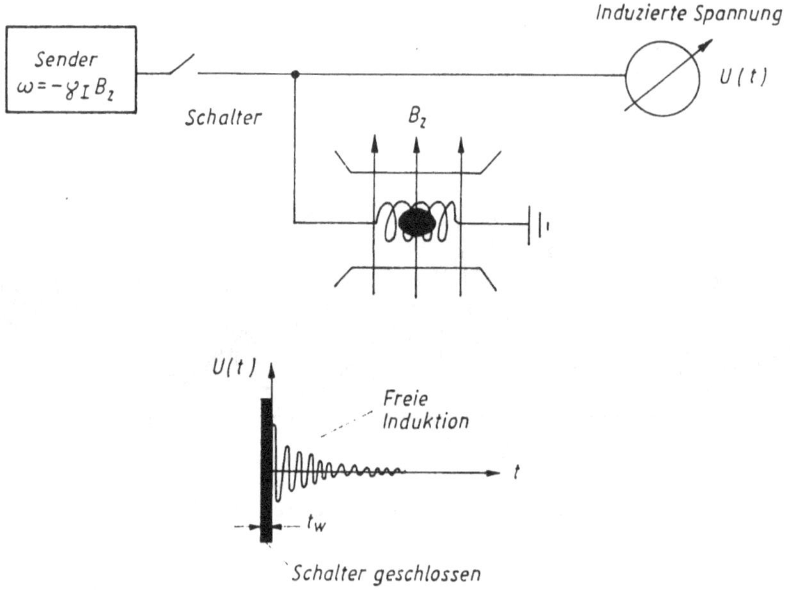

Abb. 7. Prinzipschaltbild eines Spektrometers zur Messung von instationären magnetischen Kernresonanzsignalen $U(t)$ (freie Induktion)

Folge dieser Umorientierung induzieren die Atomkerne in der Spule eine Spannung $U(t)$, die man als freie Induktion bezeichnet (vgl. Abb. 7). Unter wenigen, ganz allgemeinen Voraussetzungen läßt sich das sog. Grundtheorem der magnetischen Resonanz beweisen [11], wonach die freie Induktion $U(t)$ und das Absorptionsspektrum $P_0(\omega)$ Fouriertransformierte sind. Für den Fall einer einzelnen Resonanzlinie mit Lorentzform

$$P_0(\omega) \propto (1 + (\omega - \omega_{\mathrm{res}})^2 T_2^2)^{-1} \tag{7}$$

ergibt sich also eine exponentiell abklingende freie Induktion

$$U(t) \propto \exp(-t/T_2) \cos \omega_{\mathrm{res}} t \tag{8}$$

(vgl. Abb. 8), während zwei und mehrere getrennte Resonanzlinien zu Schwebungen in der freien Induktion führen. Die Halbwertsbreite $\Delta\omega$ des stationären Signals $P_0(\omega)$ und die Abklingzeitkonstante T_2 der freien Induktion $U(t)$ sind reziprok zueinander, bei Annahme einer Lorentzform Gl. (7) gilt:

$$\Delta\omega = 2/T_2. \tag{9}$$

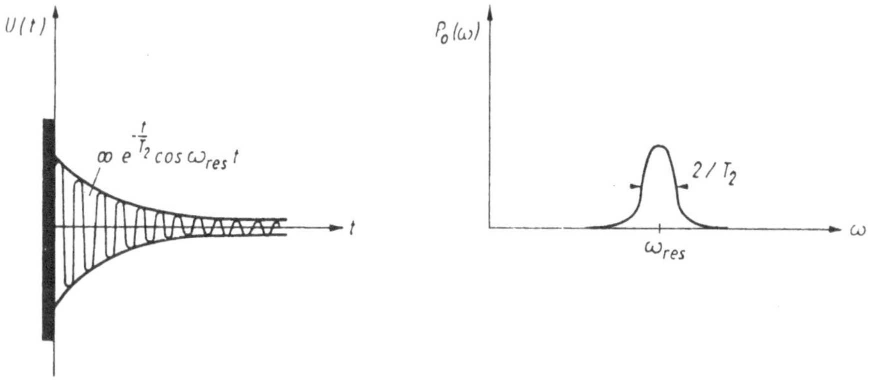

Abb. 8. Zum Zusammenhang zwischen Absorptionsspektrum $P_0(\omega)$ und freier Induktion $U(t)$ bei der magnetischen Kernresonanz

Ursache des Abfalls der freien Induktion ist, da wir B_z als homogen voraussetzen wollen, die Dipol-Wechselwirkung. Der zugehörige HAMILTON-Operator hat (vgl. z. B. [11]) die Form

$$H_d = \sum_{i<j} d_{ij}(\vec{I}_i \vec{I}_j - 3 I_{zi} I_{zj}) \tag{10}$$

mit

$$d_{ij} = \frac{\gamma_I^2 \hbar^2}{r_{ij}^3} (3 \cos^2 \vartheta_{ij} - 1), \tag{11}$$

wobei r_{ij} den Betrag des Verbindungsvektors $\vec{r}_{ij}$ zwischen den beiden Spins i und j darstellt und ϑ_{ij} den Winkel, den $\vec{r}_{ij}$ mit der Richtung von B_z bildet. Die Summe ist über alle Spins der Probe zu erstrecken, von denen angenommen wird, daß sie das gleiche gyromagnetische Verhältnis γ_I besitzen. $\vec{I}_i$ bezeichnet den Spinoperator des i-ten Spins, I_{zi} seine Komponente in Richtung von B_z und $\hbar$ die PLANCKsche Konstante dividiert durch 2π. Ursache von auftretenden Schwebungen in der freien Induktion ist nach dem oben Gesagten die chemische Verschiebung, für deren HAMILTON-Operator man (vgl. Gl. (2))

$$H_c = \sum_i \delta_i I_{zi} \tag{12}$$

mit

$$\delta_i = \gamma_I \sigma_i^0 \hbar B_z \tag{13}$$

schreiben kann. Damit ergibt sich als Forderung zur Realisierung einer hochauflösenden magnetischen Resonanz häufiger Kerne im Festkörper *die Verlängerung des Abfalls der freien Induktion ohne eine Beeinträchtigung der überlagerten Schwebungen.*

Die Lösung dieses Problems besteht in der Anwendung von geeigneten Impulsfolgen, und es soll hier als Beispiel die sog. WHH4-Gruppe behandelt werden, die 1968 erstmalig angegeben wurde [12]. Der Anschaulichkeit halber wollen wir die Wirkungsweise in einer halbklassischen Beschreibung erläutern. Die strenge quantenmechanische Behandlung [13—17] geht von der Bewegungsgleichung der Dichtematrix oder des Spinoperators aus und macht zur Berechnung des Langzeitverhaltens Gebrauch von der BAKER-CAMPBELL-HAUSDORFF-Entwicklung, die einen Spezialfall der bekannten MAGNUS-Entwicklung [19] darstellt.

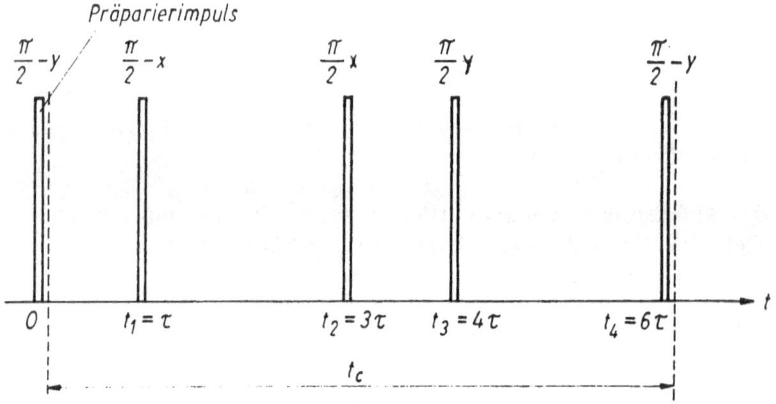

Abb. 9. Beispiel einer Impulsgruppe (sog. WHH4-Gruppe) zur hochauflösenden magnetischen Resonanz häufiger Kerne im Festkörper. Die Gruppe wird periodisch wiederholt, der erste Impuls in der ersten Gruppe dient gleichzeitig als Präparierimpuls

Zunächst wird ein $\frac{\pi}{2} - y$-Impuls angelegt, der die freie Induktion erzeugt (sog. „Präparierimpuls"), und danach in einer Zeit, die klein sein soll gegen die Abfallzeitkonstante T_2 der freien Induktion, die in Abb. 9 dargestellte Impulsgruppe. T_2 läßt sich nach der Beziehung

$$T_2 \approx \frac{1}{\gamma_I B_L} \tag{14}$$

abschätzen und liegt damit zwischen 5 und 50 µs.

Von $t = 0$ bis $t = t_1$ entwickelt sich das Spinsystem gemäß dem HAMILTON-Operator

$$H_d + H_c = \Sigma\, d_{ij}\, (\vec{I}_i \vec{I}_j - 3 I_{zi} I_{zj}) + \Sigma\, \delta_i I_{zi}\,, \tag{15}$$

der den normalen Verlauf der freien Induktion erzeugt. Zum Zeitpunkt t_1 jedoch orientiert der $\frac{\pi}{2} - x$-Impuls die Spins um, und der HAMILTON-Operator wird zu

$$\Sigma\, d_{ij} (\vec{I}_i \vec{I}_j - 3 I_{yi} I_{yj}) + \Sigma\, \delta_i I_{yi}\,. \tag{16}$$

Dieser HAMILTON-Operator ist von t_1 bis t_2 wirksam. Dann macht der $\frac{\pi}{2} - x$-Impuls die Umorientierung rückgängig, und es entsteht wieder der HAMILTON-Operator

$$\Sigma\, d_{ij}(\vec{I}_i\vec{I}_j - 3I_{zi}I_{zj}) + \Sigma\, \delta_i I_{zi}\,, \tag{17}$$

der bis zum Zeitpunkt t_3 wirkt. Der dritte Impuls $\frac{\pi}{2} - y$) verändert den HAMILTON-Operator zu

$$\Sigma\, d_{ij}(\vec{I}_i\vec{I}_j - 3I_{xi}I_{xj}) + \Sigma\, \delta_i I_{xi}\,, \tag{18}$$

und der letzte Impuls schließlich erzeugt wieder den ursprünglichen HAMILTON-Operator (Gl. (15)). Da angenommen wurde, daß die Dauer dieser Impulsgruppe (sogenannte Zykluszeit $t_c = 6\tau$) klein sein soll gegen die Abfallzeitkonstante T_2 der freien Induktion, ist der Zustand des Spinsystems unmittelbar nach dem Zeitpunkt t_c so, als ob es die Zeit t_c lang unter dem Einfluß eines mittleren HAMILTON-Operators $\langle H \rangle$ gestanden hätte. Für $\langle H \rangle$ gilt nach dem eben Gesagten (vgl. Abb. 9)

$$\begin{aligned} \langle H \rangle = \frac{1}{6\tau}\{(\Sigma\, d_{ij}(\vec{I}_i\vec{I}_j - 3I_{zi}I_{zj}) + \Sigma\, \delta_i I_{zi})\,\tau \\ + \Sigma\, d_{ij}(\vec{I}_i\vec{I}_j - 3I_{yi}I_{yj}) + \Sigma\, \delta_i I_{yi})\, 2\tau \\ + \Sigma\, d_{ij}(\vec{I}_i\vec{I}_j - 3I_{zi}I_{zj}) + \Sigma\, \delta_i I_{zi})\,\tau \\ + \Sigma\, d_{ij}(\vec{I}_i\vec{I}_j - 3I_{xi}I_{xj}) + \Sigma\, \delta_i I_{xi})\, 2\tau\} \\ = \frac{1}{3}\Sigma\, \delta_i(I_{xi} + I_{yi} + I_{zi})\,. \end{aligned} \tag{19}$$

Die Bedeutung dieses Resultats liegt in der Tatsache, daß die Dipolwechselwirkung ausgemittelt wird, während die chemische Abschirmung erhalten bleibt.

In Abb. 10 ist die freie Induktion der *Fluor*resonanz einer Probe dargestellt, die aus einem kleinen CaF_2-Einkristall und einigen Tropfen einer flüssigen Fluorverbindung (Trifluormethylbenzol) besteht. Man erkennt den schnellen Abfall des Festkörpersignals (kurzes T_2) und die im dargestellten Zeitintervall praktisch nicht kleiner werdende freie Induktion der Flüssigkeit (die Modulation wurde durch eine geringe Abweichung von der Resonanz erzeugt, um diesen Teil des Signals sichtbar zu machen). Abb. 11 zeigt die Fouriertransformierte, woraus ersichtlich wird, daß eine Resonanzverschiebung zwischen dem Flüssigkeits- und dem Festkörpersignal wegen der großen Linienbreite des letzteren nicht meßbar ist. Wenn man aber auf die Probe an Stelle eines einzelnen $\pi/2$-Impulses die in Abb. 9 dargestellte Impulsgruppe periodisch einwirken läßt, das Signal jeweils nach dem letzten Impuls einer Gruppe (t_c, $2t_c$, $3t_c$, ...) registriert und die auf diese Weise erhaltene (punktweise gegebene) Kurve, die

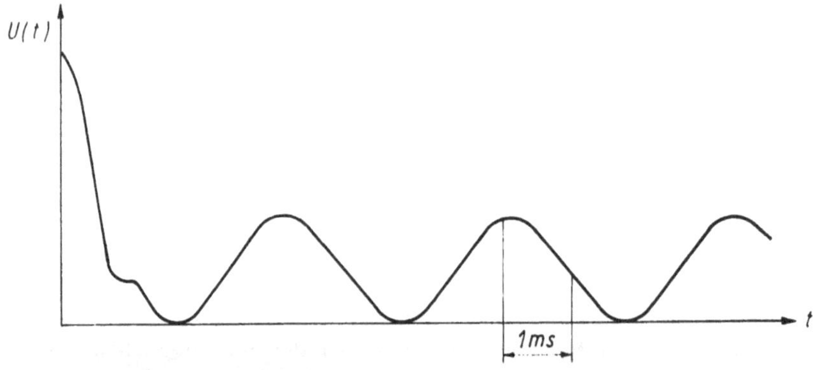

Abb. 10. Freie Induktion der Fluorresonanz einer Probe, die aus einem CaF_2-Einkristall und einigen Tropfen Trifluormethylbenzol besteht [12]. Die Abklingzeitkonstante T_2 des Festkörpersignals beträgt etwa 35 μs

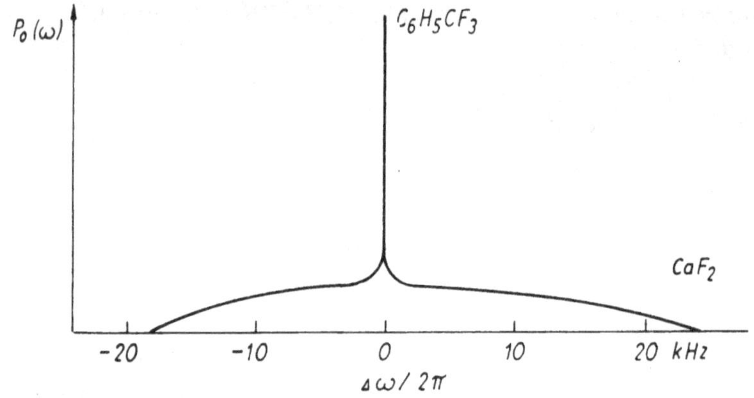

Abb. 11. Fouriertransformierte des Signals von Abb. 10

man als effektive freie Induktion bezeichnet, fouriertransformiert, so ergibt sich das in Abb. 12 gezeigte Spektrum. Die Linienbreite des Festkörpersignals ist hier soweit reduziert, daß die chemische Verschiebung meßbar wird (43 ppm). Das in den Abb. 10—12 gezeigte Beispiel stellt das erste erfolgreiche Experiment zur Festkörperhochauflösung dar [12]. Inzwischen werden gemäß den bisher vorliegenden Veröffentlichungen noch in sieben weiteren Laboratorien der Welt solche Untersuchungen durchgeführt. Darunter befinden sich zwei Arbeitsgruppen an der Karl-Marx-Universität Leipzig und eine an der Friedrich-Schiller-Universität Jena. Kommerzielle Geräte sind noch nicht verfügbar. Entweder handelt es sich um vollständige Eigenbauten (Leipzig, Jena) oder um entsprechend umgebaute kommerzielle Festkörperimpulsspektrometer (Leipzig). Der elektronische Aufwand ist teilweise erheblich.

Eine Hochauflösung der *Protonen*resonanz im Festkörper ist besonders schwierig zu realisieren wegen der kleineren Elektronenhülle und damit der geringeren chemischen Verschiebungen im Vergleich zu Fluor. Die erste Publi-

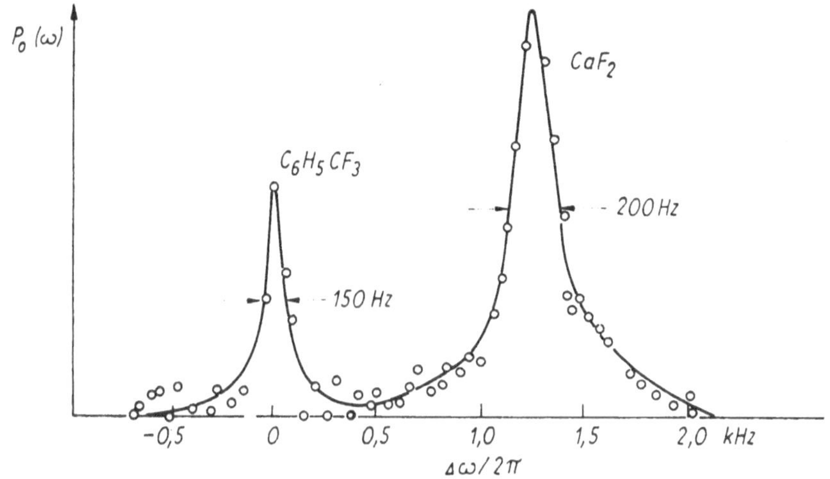

Abb. 12. Fouriertransformierte der effektiven freien Induktion infolge Einwirkung von WHH4-Impulsgruppen mit $\tau = 6$ µs für die gleiche Probe wie bei den Abb. 10 und 11. Die erreichte Auflösung beträgt etwa 3 ppm [12]

kation [20] eines hochaufgelösten Protonenresonanzspektrums von einem Einkristall (Oxalsäure-Dihydrat) erschien Anfang 1973. Abb. 13 zeigt das Signal, das 1972 mit dem Leipziger Eigenbaugerät erhalten wurde. Bei der betreffenden Orientierung im äußeren Magnetfeld B_z besitzt der Kristall eine Abklingzeitkonstante T_2 der freien Induktion von 32 µs. Mit WHH4-Gruppen ($\tau = 6$ µs, $t_w = 2$ µs) wurde ein Auflösungsvermögen von 2 ppm erreicht und eine chemische Verschiebung von 15 ppm zwischen Hydroxyl- und Kristallwasserprotonen gefunden (Abb. 13). Für eine andere Orientierung des Kristalls ergibt sich $T_2 = 25$ µs und das in Abb. 14 dargestellte Spektrum. Neben dem kleineren Wert für die chemische Verschiebung (6 ppm), der auf dem tensoriellen Charakter der Abschirmung beruht (s.u.), fällt vor allem das schlechtere Auflösungsvermögen (3,3 ppm) auf. Bei einigen anderen Orientierungen war T_2 so kurz, daß die Linien gar nicht mehr getrennt werden konnten. Ursache dafür ist die Verletzung der oben genannten Bedingung, wonach die Zykluszeit $t_c = 6\tau$ kleiner sein muß als T_2. Man kann allgemein zeigen [16], daß zwischen der erforderlichen Senderleistung P_s und dem Impulsabstand τ näherungsweise

$$P_s \propto \frac{1}{\tau^3} \qquad (20)$$

gelten muß. Für $\tau = 6$ µs werden gegenwärtig Senderleistungen von wenigstens 1 kW benötigt. Das heißt für $T_2 = 10$ µs (die Abklingzeitkonstante T_2

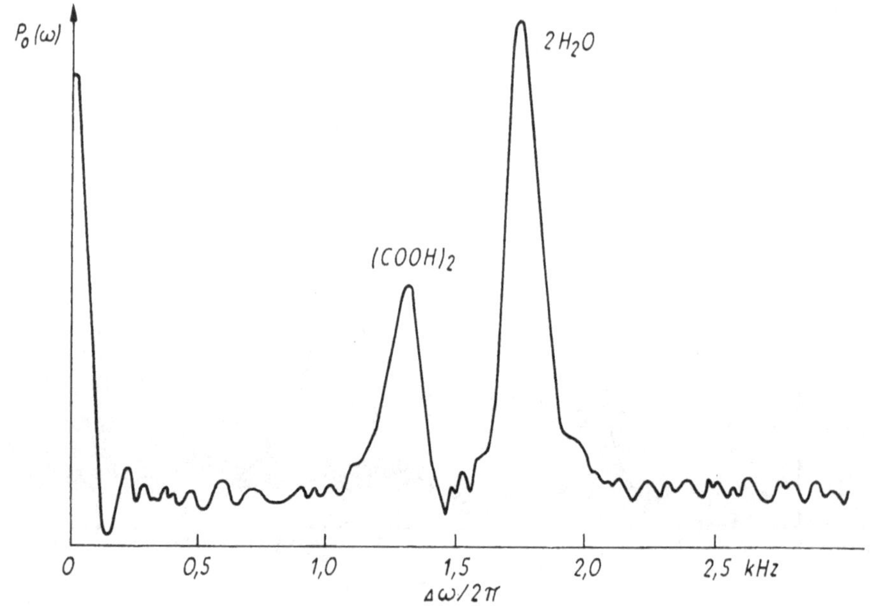

Abb. 13. Hochaufgelöstes Protonenresonanzspektrum eines Oxalsäure-Dihydrat-Einkristalls, der bei der vorliegenden Orientierung im konstanten Magnetfeld B_z eine Abklingkonstante T_2 von 32 μs besitzt [20]

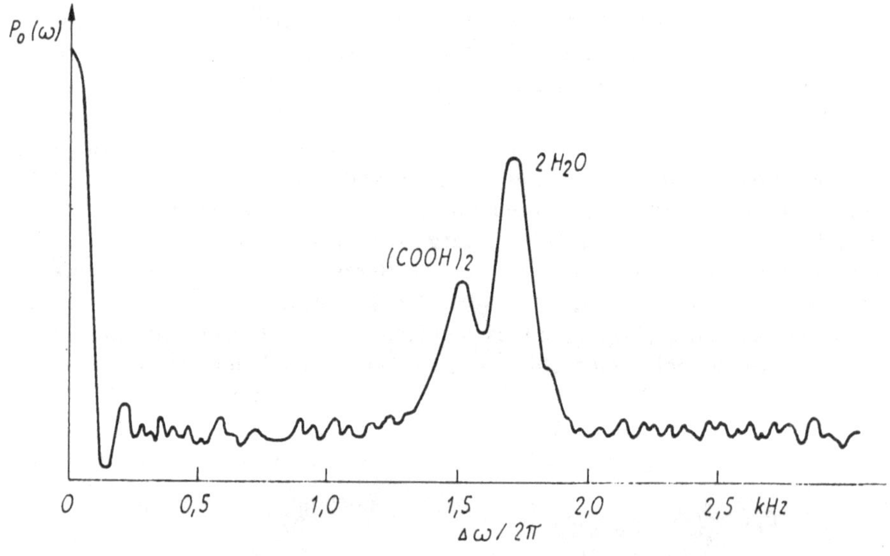

Abb. 14. Wie Abb. 13 nur bei einer etwas anderen Orientierung des Kristalls, für die sich $T_2 = 25$ μs ergibt

des Protonensignals von Eis beträgt beispielsweise etwa 7,5 μs), was einen Impulsabstand τ von etwa 1,5 μs erfordert, müßte der Hochfrequenzsender eine Leistung von mindestens 50 kW besitzen. Hinzu kommen sehr kritische Bedingungen in bezug auf die Justierbarkeit und Stabilität der Impulsparameter (Breiten, Phasen und Amplituden auf 0,5% genau) sowie hinsichtlich der Homogenität des hochfrequenten Magnetfeldes. Ausführliche Untersuchungen hierzu finden sich in dem Sammelband [16].

Im Zusammenhang mit der Anwendung derartiger Impulsgruppen auf Spinsysteme wurde 1969 von SCHNEIDER und SCHMIEDEL (Leipzig) ein Experiment vorgeschlagen [21], [22], das dann unter dem Begriff „negative Zeitentwicklung" oder auch „magisches Echo" in die Literatur eingegangen ist: Bei der WHH4-Impulsgruppe (vgl. Abb. 9) werden die Zeitintervalle zwischen den Impulsen in folgender Weise geändert:

$$\begin{aligned} t_1 &= \tau && \text{(wie bei WHH4)},\\ t_2 - t_1 &= K\tau && \text{(statt } 2\tau\text{)},\\ t_3 - t_2 &= \tau && \text{(wie bei WHH4)},\\ t_4 - t_3 &= K\tau && \text{(statt } 2\tau\text{)}. \end{aligned}$$

Daraus ergibt sich für den mittleren HAMILTON-Operator der Dipolwechselwirkung

$$\begin{aligned} \langle H_\mathrm{d}\rangle = \frac{1}{2K\tau + 2\tau} \{ &(\Sigma\, d_{ij}(\vec{I}_i\vec{I}_j - 3I_{zi}I_{zj})\,\tau \\ &+ (\Sigma\, d_{ij}(\vec{I}_i\vec{I}_j - 3I_{yi}I_{yj})\,K\tau \\ &(\Sigma\, d_{ij}(\vec{I}_i\vec{I}_j - 3I_{zi}I_{zj})\,\tau \\ &(\Sigma\, d_{ij}(\vec{I}_i\vec{I}_j - 3I_{xi}I_{xj})\,K\tau\} \\ = \frac{2-K}{2(K+1)}\, H_\mathrm{d} & \end{aligned} \qquad (21)$$

mit H_d nach Gl. (10). Man sieht aus dieser Formel, daß das Spinsystem für $0 < K < 2$ unter dem Einfluß einer geschwächten Dipol-Wechselwirkung steht, die für $K = 2$ eliminiert wird (WAUGHS Experiment), während sich für $K > 2$ das Vorzeichen umkehrt. Da der Entwicklungsoperator gleich

$$\exp\left(-\frac{i}{\hbar}\langle H_\mathrm{d}\rangle\, t\right)$$

ist, bedeutet dies, daß das Spinsystem für $K > 2$ im Laufe der Zeit „jünger" statt „älter" wird. Eine unmittelbar praktische Bedeutung hat dieses Resultat für die Messung des Zeitverlaufs am Anfang der freien Induktion, aus dem man die für eine Spektrenauswertung wichtigen Momente erhält [11]. Dieser Zeitbereich fällt gewöhnlich in die sogenannte Totzeit der Apparatur (Blockierung als Folge der starken Hochfrequenzimpulse) und konnte deshalb mit den herkömmlichen Verfahren nicht untersucht werden. Das neue Meßprinzip ist in Abb. 15 dargestellt. In ähnlicher Weise kann man Impulsgruppen konstruieren, für die H_d erhalten bleibt, während H_c modifziert wird, oder die sowohl H_d als auch H_c eliminieren usw. Derartige Eingriffe in den HAMILTON-Operator eröffnen interessante Möglichkeiten auch für Modellexperimente und haben zu dem Begriff „HAMILTON-Alchemie" geführt.

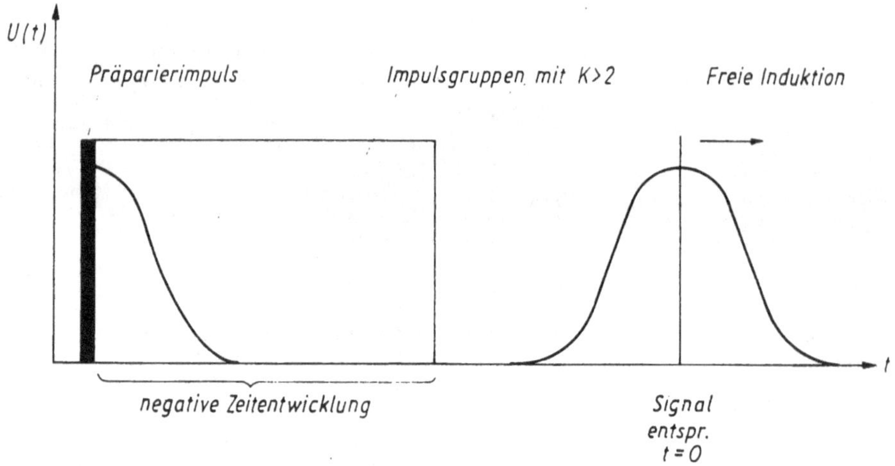

Abb. 15. Verwendung der negativen Zeitentwicklung zur Messung des Verlaufs der freien Induktion in der Nähe des Zeitnullpunktes

Alle diese Impulsgruppen wirken in der vorgesehenen Weise aber nur, wenn die Faktoren d_{ij} über die Zykluszeit konstant bleiben. Durch Umorientierung der Moleküle oder translatorische Bewegung können die d_{ij} (vgl. (11)) bei höheren Temperaturen zeitabhängig werden. Diese statistisch erfolgenden Änderungen beschreibt man in bekannter Weise durch die Korrelationszeit τ_c (vgl. z.B. [23]). Solange $\tau_c \gg \tau$ gilt (starrer Körper), wird die Dipolwechselwirkung durch die WHH4-Gruppen eliminiert, d.h. die Abfallzeitkonstante T_{2eff} der (effektiven) freien Induktion nimmt sehr große Werte an. Im anderen Grenzfall $\tau_c \ll \tau$ mittelt sich die Dipolwechselwirkung unabhängig von den Impulsen wie in Flüssigkeiten infolge $\langle d_{ij} \rangle_\tau = 0$ aus, und T_{2eff} geht ebenfalls nach Unendlich. Der ungünstigste Fall ist offensichtlich $\tau_c \approx \tau$, da hier eine wirksame Ausmittelung im Spinraum verhindert wird und die Ausmittelung im Ortsraum nicht ausreicht. In diesem Übergangsgebiet wird also eine Hochauflösung nicht möglich sein. Umgekehrt kann man aber aus dieser Tatsache eine Meßmöglichkeit für τ_c ableiten, die sogenannte T_{2eff}-Methode, die W. GRÜNDER im Rahmen seiner Dissertation [24] eingeführt und eingehend untersucht hat [16]. Abb. 16 zeigt experimentelle Ergebnisse für die Temperaturabhängigkeit des $T_{2\mathrm{eff}}$ in Zyklohexan und Abb. 17 die daraus mit Hilfe der Theorie von GRÜNDER berechneten Korrelationszeiten. Der auf diese Weise erfaßbare Bereich langsamer thermischer Bewegungen entspricht dem bei der Untersuchung der sog. Relaxation im rotierenden Feld ($T_{1\varrho}$). jedoch besitzt die neue Methode erhebliche meßtechnische Vorteile [16], [25].

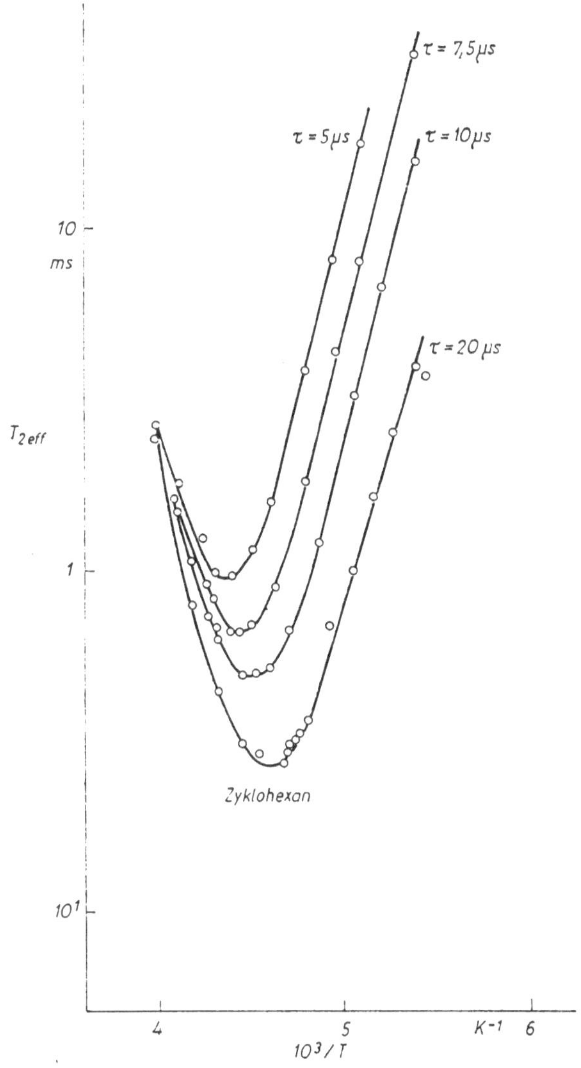

Abb. 16. Temperaturabhängigkeit des $T_{2\mathrm{eff}}$ der Protonenresonanz in festem Zyklohexan für verschiedene Impulsabstände [24]

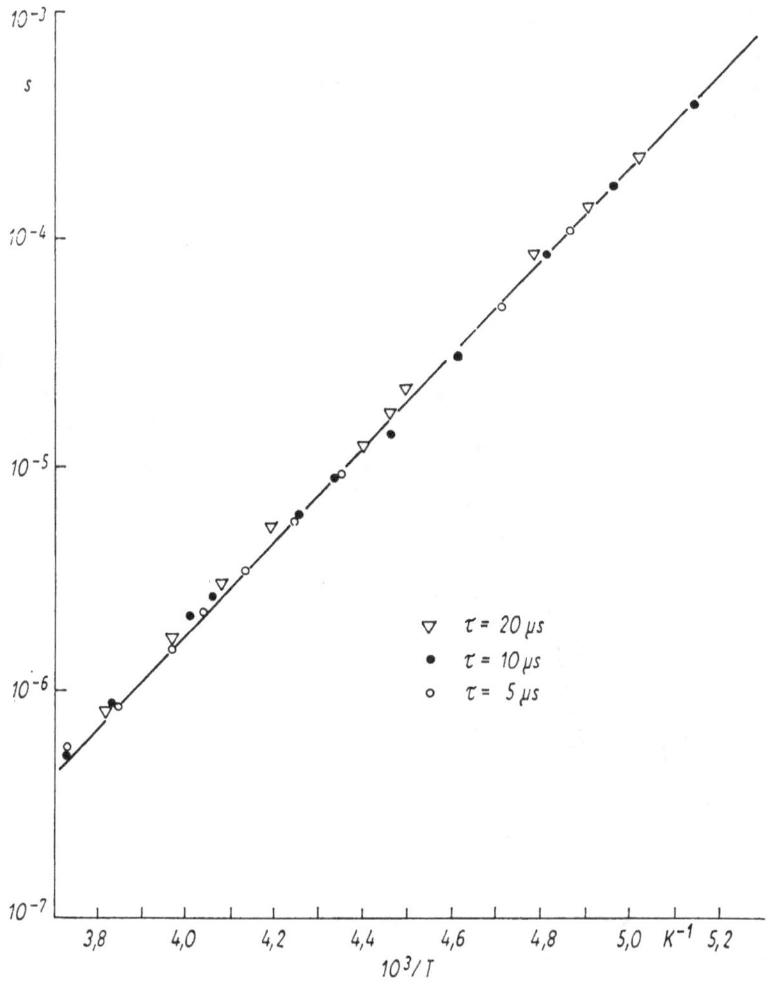

Abb. 17. Mit Hilfe der Theorie von Gründer berechnete Korrelationszeiten für die in Abb. 16 dargestellten Meßergebnisse

Zum Abschluß seien noch einige charakteristische Ergebnisse von Messungen hochaufgelöster magnetischer Kernresonanzen am Festkörper aufgeführt: Das wichtigste Ergebnis stellt die Tatsache dar, daß die chemische Abschirmung von der Orientierung des Moleküls bezüglich des äußeren Magnetfeldes B_z abhängt. Das heißt, σ ist ein Tensor, der sog. Verschiebungstensor. In Flüssigkeiten kann wegen der schnellen molekularen Umorientierung nur der Mittelwert gemessen werden, so daß Festkörperspektren, eine bis zu sechsmal größere Information liefern, nämlich die drei Hauptwerte des Tensors (σ_{11}, σ_{22} und σ_{33}) sowie die drei Eulerschen Winkel der Orientierung. Im allgemeinen ist [26] der Mittelwert im festen Zustand

$$\bar{\sigma} = \frac{1}{3}(\sigma_{11} + \sigma_{22} + \sigma_{33}) \tag{22}$$

nicht sehr verschieden von der chemischen Verschiebung σ_i, die man für die flüssige Phase (isotrope Umorientierung) erhält, aber die σ_{ll} unterscheiden sich teilweise beträchtlich. Für den Kohlenstoffkern des Methylalkohols bei $-186\,°C$ ergibt sich beispielsweise (alle σ-Werte sind in der vorliegenden Arbeit auf TMS als Standard bezogen!)

$$\begin{aligned} \sigma_{11} &= (183 \pm 6)\ \text{ppm}, \\ \sigma_{22} &= (183 \pm 6)\ \text{ppm}, \\ \sigma_{33} &= (246 \pm 6)\ \text{ppm} \end{aligned} \tag{23}$$

mit σ_{33} in Richtung der OH-Bindung. Der daraus folgende Wert $\bar{\sigma} = (204 \pm 6)$ ppm stimmt im Rahmen der Meßgenauigkeit mit $\sigma_i = 208$ ppm überein. Daraus erkennt man zumindest qualitativ, daß die σ_{jj} zusätzliche Informationen enthalten, die bei der Messung von σ_i verloren gehen und daß sich die Elektronenstruktur des Methanols beim Übergang vom flüssigen zum festen Zustand nicht ändert. Für quantitative Auswertungen sind vor allem theoretische Ansätze heranzuziehen, die σ^0 direkt mit der Elektronendichte in der Hülle des betreffenden Moleküls verknüpfen [27], [28]. Es gibt aber auch Fälle, bei denen deutliche Unterschiede zwischen $\bar{\sigma}$ und σ_i auftreten. Ein Beispiel ist die ^{13}C-Resonanz des Hexafluorbenzols [26], für die man bei $-170\,°C$

$$\begin{aligned} \sigma_{11} &= (91 \pm 8)\ \text{ppm}, \\ \sigma_{22} &= (91 \pm 8)\ \text{ppm}, \\ \sigma_{33} &= (130 \pm 8)\ \text{ppm} \end{aligned} \tag{24}$$

erhält, woraus $\bar{\sigma} = (104 \pm 8)$ ppm folgt. Die Ursache für diesen im Vergleich zur Flüssigkeit $\sigma_i = (121 \pm 7)$ ppm signifikant kleineren Wert ist noch unbekannt.

Untersuchungen der Temperaturabhängigkeit des Tensors der chemischen Verschiebung geben interessante Aufschlüsse über molekulare Bewegungen. So findet man z.B. für die Ringkohlenstoffkerne des Hexamethylbenzols [26] bei $-186\,°C$ bzw. bei $+23\,°C$

$$\begin{aligned} \sigma_{11} &= 24\ \text{ppm} \quad \text{bzw.} \quad (67 \pm 6)\ \text{ppm}, \\ \sigma_{22} &= 102\ \text{ppm} \quad \text{bzw.} \quad (67 \pm 6)\ \text{ppm}, \\ \sigma_{33} &= 232\ \text{ppm} \quad \text{bzw.} \quad (235 \pm 10)\ \text{ppm}, \end{aligned} \tag{25}$$

wobei σ_{11} die radiale, σ_{22} die tangentiale und σ_{33} die senkrechte Richtung zum Benzolring hat. Das Ergebnis (25) ist demzufolge nur so zu erklären, daß oberhalb $-186\,°C$ eine Rotation des Hexamethylbenzols um die sechszählige Symmetrieachse einsetzt, die σ_{11} und σ_{22} ausmittelt. In Übereinstimmung damit ergeben sich für die Kohlenstoffkerne der Methylgruppen, die nahezu kugelsymmetrische Abschirmtensoren besitzen ($\sigma_{11} = \sigma_{22} = \sigma_{33} = (235 \pm 15)$ ppm), keine Änderungen zwischen -186 °C und Zimmertemperatur. Innere Bewegungen können aber im Prinzip auch zu einer *Verringerung* der Symmetrie des Abschirmtensors führen wie in [29] gezeigt wurde.

Insgesamt sind seit der Entwicklung der modernen Verfahren zur hochauflösenden magnetischen Kernresonanz im Festkörper von etwa 60 bis 70 Substanzen ^{13}C-Spektren und von etwa 30 Substanzen Protonenspektren gemessen worden. Diese Zahlen spiegeln in gewisser Hinsicht die Tatsache wider, daß zwar die physikalischen Probleme beider Verfahren im wesentlichen als gelöst angesehen werden können, daß aber die Festkörperhochauflösung häufiger Kerne aus technischen Gründen nur in gewissen Fällen (hinreichend große Abfallzeitkonstante T_2 der freien Induktion) anwendbar ist, während bei seltenen Kernen bisher keine solchen Begrenzungen erkennbar wurden. Man hat deshalb in jüngster Zeit sogar Protonen durch Verdünnung mit Deuteronen künstlich zu „seltenen" Kernen gemacht und mit der PGW-Nachweistechnik hochaufgelöste Protonenresonanzspektren erhalten [30].

Literatur

[1] F. Bloch, W. W. Hauser, M. Packard: Phys. Rev. 70 (1946) 474.
[2] E. M. Purcell, H. C. Torrey, R. V. Pound: Phys. Re. 69 (1946) 37.
[3] D. Michel, W. Meiler, H. Pfeifer: J. Molecular Catalysis 1 (1975/76) 85–91.
[4] H. Pfeifer: Surface Phenomena Investigated by Nuclear Magnetic Resonance Phys. Reports (Amsterdam) 266 (1976) 293–338.
[5] D. Michel: Surface Science 42 (1974) 453–466.
[6] E. R. Andrew, A. Bradbury, R. G. Eades: Nature 182 (1958) 1659.
[7] E. R. Andrew: Proc. 1st Spec. Coll. Ampère, Krakow 1973, 3–15.
[8] A. Pines, M. G. Gibby, J. S. Waugh: J. hem. Phys. 56 (1972) 1776–1777.
[9] H. Pfeifer, H. Ernst, W. Herdeegen: in „Hochfrequenzspektrometer und ihre Anwendung", Leipzig 1975, 264–305.
[10] H. Ernst, W. Gründer (Leipzig) unveröffentlicht.
[11] A. Abragam: The Principles of Nuclear Magnetism, Oxford 1961.
[12] J. S. Waugh, L. M. Huber, U. Haeberlen: Phys. Rev. Lett. 20 (1968) 180–182.
[13] U. Haeberlen, J. S. Waugh: Phys. Rev. 175 (1968) 453–467.
[14] H. Pfeifer: Wiss. Z. RMU Leipzig, Math.-Naturwiss. Reihe 20 (1971) 549–563.
[15] P. Mansfield: Progr. in NMR Spectroscopy Vol. 8, Pergamon Press Oxford 1971.
[16] H. Pfeifer und Mitarbeiter: Sammelband der Wiss. Z. KMU Leipzig, Math.-Naturwiss. Reihe 23 (1974) Heft 5: Hochauflösende magnetische Kernresonanz im Festkörper.
[17] M. Pettig, D. Fenzke, B. Schnabel: in „Hochfrequenzspektrometer und ihre Anwendung", Leipzig 1975, 306–346.
[18] U. Haeberlen: Advances in Magnetic Res. Suppl. 1, Academic Press New York 1976.
[19] W. Magnus: Comm. Pure Appl. Math. 7 (1954) 649.
[20] H. Ernst, D. Fenzke, W. Heink: Phys. stat. solidi (b) 57 (1973) K 103–K 105.
[21] H. Schneider, H. Schmiedel: Phys. Lett. 30a (1969) 298–299.

[22] H. Schmiedel, H. Schneider: Ann. Phys. (Leipzig) 32 (1975) 249—254.
[23] H. Pfeifer: NMR-Basic Principles and Progress Vol. 7, Springer-Verlag, Berlin-Heidelberg-New York 1972.
[24] W. Gründer: Dissertation Karl-Marx-Universität Leipzig 1972.
[25] R. Müller, R. Willsch: I. Magnetic Resonance 21 (1976) 135—142.
[26] A. Pines, M. G. Gibby, J. S. Waugh: Chem. Phys. Lett. 15 (1972) 373—376.
[27] H. Schmiedel: Phys. stat. sol. (b) 67 (1975) K27—K29.
[28] U. Sternberg, K. Salzer, H. Pfeifer, W. Haberditzl: Monatshefte für Chemie (Wien) (im Druck).
[29] H. W. Spiess: Chem. Phys. (North Holl.) 6 (1974) 217—225.
[30] A. Pines: Application of novel nmr techniques to solids and liquid crystals, 2nd Spec. Coll. Amp., Budapest 1975.
[31] D. Deininger, D. Michel: Wiss. Z. KMU Leipzig, Math. Naturw. Reihe 22 (1973) 551—560.

FSC
www.fsc.org
MIX
Papier | Fördert
gute Waldnutzung
FSC® C083411

Kolibri 360 GmbH
Ferdinand-Jühlke-Straße 7
99095 Erfurt, Deutschland
produktsicherheit@kolibri360.de